主办单位：宝佳集团中国建筑传媒中心·天津大学建筑规划设计研究院·北京大学城市规划与发展研究所

建筑评论
Architectural Reviews

第一辑

名誉主编 马国馨
主　任 洪再生
　　　　高　志
主　编 金　磊
执行主编 李　沉

U0243434

天津大学出版社
TIANJIN UNIVERSITY PRESS

学术指导（按拼音首字母排序）：薄宏涛　崔　愷　崔　彤　蔡云楠　戴　俭　方　海　傅绍辉　桂学文　郭卫兵　韩冬青　韩林飞　和红星　杭　间　胡　越　贾　东　贾　伟　李秉奇　路　红　刘　军　刘克成　刘临安　刘　谞　刘晓钟　梅洪元　孟建民　马震聪　倪　阳　钱　方　屈培青　邵韦平　孙宗列　王　辉　伍　江　王　军　王建国　汪孝安　徐　锋　薛　明　许　平　徐行川　杨　瑛　叶　青　周　恺　张　雷　张伶伶　张　颀　庄惟敏　朱文一　张　宇　赵元超

执行编辑：苗　淼　冯　娴　丘小雪　郭　颖　刘晓姗　陈　鹤（图片）　刘　阳（网络）

图书在版编目（CIP）数据

建筑评论 .1/ 洪再生，高志主编；金磊分册主编 .— 天津：天津大学出版社，2012.10
ISBN 978-7-5618-4528-8

Ⅰ . ①建 … Ⅱ . ①洪 … ②高 … ③金 … Ⅲ . ①建筑艺术 — 艺术评论 — 世界　Ⅳ . ① TU-861

中国版本图书馆 CIP 数据核字（2012）第 246243 号

策划编辑 金　磊　　韩振平
责任编辑 韩振平
装帧设计 安　毅

出版发行 天津大学出版社
出 版 人 杨欢
地　　址 天津市卫津路 92 号天津大学内（邮编：300072）
电　　话 发行部：022-27403647　邮购部：022-27402742
网　　址 publish.tju.edu.cn
印　　刷 北京华联印刷有限公司
经　　销 全国各地新华书店
开　　本 149 ㎜ ×229 ㎜
印　　张 10
字　　数 170 千
版　　次 2012 年 10 月第 1 版
印　　次 2012 年 10 月第 1 次
定　　价 16.00 元

目录

目 录

Contents

建筑评论之我见

马国馨

20世纪末，我曾写过两篇评论建筑评论的文章，在文章的开始我都引用了俄国文艺评论家别林斯基的话："关于伟大作品的评论，其重要性不在伟大作品本身之下。"现在看来，这个观点仍有重要的现实意义。

当下我们面临着建筑评论的贫乏和缺失。这可能是对社会上学术评论、文艺评论、音乐评论、建筑评论的共同认识。即以建筑业为例，改革开放以来我们的城镇化取得了世人瞩目的成就，建筑业的规模、产值、影响都在社会上有目共睹。在新中国成立六十周年时的重点图书《建筑中国六十年》的七卷本中曾专门列出了《建筑评论》一卷，但在建筑创作的现实中，建筑评论常处于可有可无的状态，这表现在时至今日我们还没有完全建立起可以自由展开建筑评论的环境和氛围；主管部门的权力和业主开发商的强势主导了评论的话语权；物质利益的贫乏，使得评论队伍成为偶一为之的兼职；在评论方式上评奖多于评论，更多是应景式、急救式、快餐式的文字，颂扬、溢美的自诩或吹捧时有所见，一些酷评又偏于情绪化……。严格说创作和评论应该是建筑事业不可缺少的两翼，就像一辆车子的两个轮子，相辅相成，互相影响，才能运转顺利自如，如果变成了独轮车，自然就会歪歪扭扭，举步维艰了。所以，建筑评论的繁荣与否，应是建筑创作发展总体状态的重要标志。

同济大学的郑时龄院士在2001年出版了《建筑批评学》，这是国内第一部系统地、完整地论述学科本身的重要论著。在书中他提出建筑批评与建筑评论的区别："一般来说，建筑评论是对一件具体的建筑作品的描述、分析、鉴赏和评价；而建筑批评则更加注重对一件建筑作品、一系列建筑作品或建筑的某种整体价值的意义给出评价和判断，这种判断通常以公认的批评标准为基础，并对如何得出评价结果做出解释。"所以他宁可称之为建筑批评。但在一般概念里，评论兼有批评和论述的含义，而现在是强调实事求是的批评可能更加需要，正如鲁迅先生所说："批评必须坏处说坏、好处说好，才于作者有益。"或如另一位评论家何西来先生所说："可以有只说好处，不说坏处的批评，但这好处必须是作品实有的；也可以有单讨论弱点和不足的批评，只要说在点子上。"这样的评论才对双方都有利。

在当前社会物质利益高于一切的扭曲心态和浮躁学风之下，对于建筑行业的发展，尤其是设计行业的健康发展形成了很大威胁，我曾说要警惕我们这个行业的"沉沦和堕落"并非危言耸听。建筑行业被认为是高危行业，诸如职业道德和社会责任感的缺失，屈从于权力和金钱，屈从于行业的"潜规则"，行业内的恶性竞争，碍于利害关系的放弃原则……但建筑评论可以成为我们这个行业的监督和制衡力量，也是行业自律和健康发展的必要条件，是重要的自身免疫系统，只有如此才能形成促进建筑创作的良好生态环境和秩序。

评论是一种理性的分析过程，是一个从感性到理性，从感觉到体悟的过程。需要有一支身份独立化的专门建筑评论的职业队伍。郑时龄先生在《建筑批评的主体》一章中，根据专业程度划分为四类：专家、艺术家、公众和业主。其中专家和艺术家有相近之处，他们要有"深厚的理论基础和知识背景，具有经过长期专门训练和培养的批评意识。"或者说他们应是有社会正义感、有社会良知、富于人文关怀、为追求真理和探索事物规律而坚持自己观点，并将这些观点和成果与公众共享，这种学院式的评论，由于有自己的知识准备和术语环境，具有一定权威性，也为社会所认可。郑院士在专家名单中列出了建筑师，我以为在我国当前评论缺失的状况下，建筑师偶而客串一下还是可以的，但并不是最合适的角色。这就像体育竞技场上运动员，裁判和评论员必须由不同的角色来担任一样。更何况建筑师的职业准则中还有"建筑师不宜恶意或不公正地批评或试图毁谤另一建筑师的工作。"这一标准也不是那么容易拿捏的。建筑评论家队伍的建设需要一个长期形成的过程，评论家的关注和介入的内容，要比建筑师更为复杂和广泛，虽然我们可以经常看到杨永生、陈志华、顾孟潮、曾昭奋、王明贤、金磊、支文军、徐千里以及刘心武、冯骥才、叶廷芳、李欧梵等人的散见文字或专著，但还没有形成有影响力的强大声音和信誉。而另一方面由于网络技术的发展，与专业评论家的热情相比，公众的参与热情却越来越高，包括"X大最佳"、"X大最丑"的评选，常常形成公众和网民关心的热点，这种满足公众求知欲和参与热情的通俗性，更强调知识的普及和共赏。但在捍卫网络言论自由的同时，也要善于发言表达，既要行使自由，也要支持自律，避免冷嘲热讽，避免对评论的伤害。至于发自业主方面的声音，我曾看到谢小凡先生关于中央美院美术馆建设过程的专著和设计总监冯卫先生关于"阳光上东"住宅项目的总结图册，都涉及了对自己经手工程项目的回顾和分析，有许多经验和体会，但碍于这类评论要涉及对于业主自身工作的评价，虽然在建设过程中的曲折和教训以及在运营管理中的问题对于行业、建筑师都是十分宝贵的资源和财富，但让业主方自己和盘托出进行客观的剖析和评价还不是那么容易的一件事。

健康的评论无法回避"自由思想，独立精神"这个话题。批评是一种独立的艺术，批评有它独自的价值和品格．有时对批评家来说不在于持有什么高深的理论，更重要的是批评的眼光和胆量，批评有它独自的价值和品格。学术无禁区，学术更不是以赞成或反对的少数或多数来决定对错。科学家贝尔纳说："在科学中，批判一词并不是不赞成的同义词；批判意指寻求真理。"我们主张创新带动发展，主张"百花齐放，百家争鸣"，若要"齐放"，当有"百花"，若要"争鸣"，当有"百家"。由于评论者的情感，学识和旨趣的不同，就会有不同的评论结果，就会出现各种不同的声音，这种不同的声音更有利于人们进行理性的比较和判断。不久前《中国建筑文化遗产》第五期，利用吴良镛先生和王澍先生的分别获奖，组织了"大家谈"的稿件，编辑了三十多组不同角度、不同立场的中外评论，就是一个较新颖的尝试。评论如果一味地随众和随俗，或一味地"孤芳自赏"，只会削弱评论的地位，曲解评论的作用，失去其独立性，就会让公众只能更加鄙夷这种庸俗的评论，从而形成恶性循环。

这种失去独立性的随众和随俗的出现，除了利益驱动的因素之外，更多地是源于自信和自觉的缺失，在评论者中形成了若干思维定式，从而阻碍了清新、开放和生动评论的出现。资深出版和评论家杨永生先生说："中国建筑学界到现在还是自己有问题……上面领导说了算，领导怎么说下边怎么干，学界没有独立的思想和独立的研究能力。""我国建筑评论没有发展起来还有一个原因，特别是'长'字号工程，重大政治意义的工程不便批评。"除杨老所说之外，诸如外国人尤其是西方所言就一定是好和对；是明星、大师、院士（不管中外）所做设计就必然优秀；凡已经建成的建筑设计就一定合理；凡最高、最大、最牛就必然伟大；加上"罔谈彼短"的那种庸俗的"小圈子"的一团和气……．而追求真理的评论就应去除思想障碍，树立怀疑和批判的精神，而且是有条理，有根据的怀疑和批判，尤其在良莠参差，鱼龙混杂，众语喧哗，价值观混乱的场合更需要一针见血，见解独到的批判和批评。批判以怀疑为先导，深入的批判更坚定怀疑的态度，从而引导和回归理性。

由于建筑评论是以为人服务的城市和建筑为对象，是科学、技术、材料、形式等结合的公共产品，是物质产品和精神产品的密切综合，因此现实的建筑评论未必先急于从历史和文化的宏大目标去进行判断，更需要从作品本身，从建筑师规划师的创作方法和审美情趣，以及由此引发的某一方面的问题等角度予以剖析。从建筑评论的标准、规则和层次看，我以为从以下几个方面的层次区分有助于研究的深入。一是物质的层面。对于这种人类有计划、有目的的创造性活动，其功利指向是最重要的因素，使用方便，安全可靠，节能卫生，经济节俭，适宜技术，都是最基本的需求标准。二是视觉的层面，这里涉及形式、空间、色彩，也是由局部到整体，由静态到动态的综合感受，作为主观判断的视觉感受，更需要摆正形式在这一产品中的权重。三是生态层次。建筑活动涉及消耗大量资源和能源，因此如何顺应自然环境和人工环境的生态规律，保护已很脆弱的地球，形成可持续发展的平衡。四是社会的层面。这里涉及人和人，人和物之间的关系和矛盾。城市和建筑本身就是一种社会财富和资源的再分配，如何重视公正、公平，以促使社会的和谐健康发展和平衡。五是精神层面。社会本身就是一个复杂的群体组合。有着各种精神和文化诉求，满足这种多样化的需求，不断提高居民的文化素质是更为复杂和多重的现象，尤其涉及价值判断方面，表现就更加明显。

尽管我们的城镇化建设在数量和规模上都十分惊人，但一个时代的总结更有赖于其建设质量，取决于传世的精品，有赖于学术上，理论上的权威性评论及在国际建筑界的话语权，从而形成为广大民众，为业界所首肯的优秀作品。一个伟大的时代出现一批优秀的建筑师、规划师是一个时代的标志，但能否出现优秀的建筑评论家队伍同样也是重要的标志。天津大学建筑设计规划研究总院、《中国建筑文化遗产》编辑部与天津大学出版社共同策划创办《建筑评论》系列丛书，以活跃和繁荣我国的建筑评论，从而推动我国的建筑创作为己任，预祝该丛书在各界的大力支持下，能够一步步走出坚实的步伐。

马国馨
中国工程院院士
全国工程勘察设计大师
北京市建筑设计研究院总建筑师
2012 年 7 月 30 日

启程紫禁　论道宏猷

——城市文化与遗产保护的春季茶会

编者按：2012年3月31日，来自京内外文博业界、建筑设计行业的专家、学者齐聚故宫，参加以"启程紫禁 论道宏猷"为题的城市文化与遗产保护"茶会"。与会专家围绕城市发展建设与历史文化遗产保护主题展开讨论，话题包括故宫的保护与发展、现代化城市建设与历史建筑的重建和维护、文化遗产保护的理念与法律法规建设的完善、北京中轴线申遗等大家关注的热点，同时也反映出这些领域最新的理论成果与实践总结。以下摘录与会专家的发言，按发言先后顺序。

故宫建筑（摄影／陈鹤）

金磊（主持人、中国文物学会传统建筑园林委员会副会长）：

今天的会议举办于故宫博物院这一特殊场所，因而我们将之命名为"启程紫禁 论道宏猷——城市文化与遗产保护的春季茶会"。为何叫茶会？素来谈起城市，话题往往沉重，于这样风和日丽的下午大家坐在一起轻松谈谈，或许会冲淡一些凝重气氛，真正地开动思维探寻真知。这种模式很像当年我在《建筑创作》主办的"建筑师茶座"。

在万木争春、春风又绿京城的 2012 年第一季度的最后一天（3 月 31 日），来自京内外的文博界领导和学者、建筑名家齐聚恢弘的中国古代建筑艺术的瑰宝故宫，召开这个名为"启程紫禁 论道宏猷"的城市文化与遗产保护"茶会"，主办单位的意图主要是希望通过"茶座"的方式，力求展开一个有意义的跨界交流，力求回答我们启程紫禁的目的。

● 为什么以启程紫禁为"原点"？是因为故宫是中国最为耀眼的一张"文化名片"。

● 为什么在紫禁城论道宏猷？是因为故宫不仅是中国的遗产，更是世界的遗产，在故宫说世界，不仅具有国际文化视野，能培养开放的胸怀，更能体现中国建筑的自信与尊严。

● 为什么在故宫这块文化瑰宝之地反思中国城市文化的进程？不仅是因为可以集中专家智慧，呼吁并遏制对建筑遗产的"破坏性行为"，更在于通过研讨之声倡导一种开放的、国家建筑文化发展的新语。

作为主办单位，我们还想与诸位专家们重温一些大家或许已熟悉的对中国城市文化发展有启迪的近期发生的"事件"。

第一、2012 年元月初，时任国家文物局局长单霁翔出任第 7 任故宫博物院院长。

第二、2 月 14 日，两院院士吴良镛获 2011 年度国家最高科技奖励；2 月 28 日王澍教授获有建筑界"诺奖"之称的普利兹克奖；两个大奖都先后引发了一系列海内外反响。

第三、故宫博物院院长单霁翔在 2012 年"两会"上，共为全国政协提交 17 份提案，其中有 5 份专为"故宫"而作；同样在 2011 年他为全国政协提交的 20 多项提案中就专门提交"关于将文化遗产保护领域作为促进学科交叉与融合试点"的提案，现在看来它正是今天"茶会"跨界交流的指导思想。

第四、继 2012 年春节期间"梁林故居"被迁后，北京有关部门的做法再次引发名人故居拆迁讨论热；北京金融街西扩，使近现代著名建筑北京儿童医院再次面临"厄运"的威胁；据悉北京要启动新中国成立以来最大规模的"名城"标志性历史建筑恢复工程……这些都是值得深思和研究的城市文化与保护的新问题……此种状况岂止北京，全国也都在纷纷上演。

单霁翔（故宫博物院院长）：

我为我的发言起了一个题目，叫做"故宫博物院十年辉煌与未来展望"。众所周知，故宫拥有将近六百年历史，回顾从前，六百年前此地还是一个工地，而如今它却是一座成立八十七年的博物馆。很多来故宫的人都把故宫视为一座旅游景点，其实它有更重要的身份；首先，国务院于 1961 年公布故宫为第一批全国重点文物保护单位之一；尔后，它也是我国加入世界遗产公约之后，于1987 年第一批产生的世界遗产之一。作为世界上规模最大的木结构建筑群，故宫也是世界上最大并保留至今的皇宫，独具特色无可比拟。其规制、色彩、建筑形式到其文化内涵都令人震撼，饱含历史价值，实为人类文明的无上瑰宝。对于北京这座历史文化名城，故宫其本身对城市形态、城市特色和城市文化有着重要的控制和引领作用。很多欧洲古城，城市中心往往城堡高耸，街巷、市场、居民区由内而外铺散开来，慢慢形成城市，而现代新兴城市则以 CBD 摩天大楼建设为主线。北京恰恰相反，因为故宫的存在，城市中心渐渐从高度上反而成为最低点，却成为控制整个国家的心脏，也就是总体规划所说的平缓开阔的城市格局。同时，故宫也是城市重要的对景，重要天际线的主要控制因素，比如从故宫望北海，从故宫望景山。在北京最具特色的 8.7 公里中轴线上，故宫坐镇核心，给予城市美景和魅力。尤其是故宫筒子河整治以后，周围环境也在不断改善。

游客方面是我们所面临最大的问题，游客数量持续快速的增长带给故宫极大压力。1949 年故宫博物院一年迎来 100 万观众，至 2002 年，游客数量剧增至 700 万。同年，法国卢浮宫宣布它是世界上接待游客最多的博物馆，共计 800 万人次。可仅在三年以后，2005 年，故宫追赶上卢浮宫。如此发展截至 2011 年，比较十年前，故宫的游客数量已然翻番，也就是 1 411 万。更令人担忧的是，其增长并未达到峰值，反而仍以一年 100 万数量递增，我想今年会有 1 500 万游客。紫禁城仅有 72 公顷，如果没有合适的应对措施，恐怕难堪如此重负。而更大的问题在于故宫参观人数并不平衡，数据理论上每天平均下来大概是 3 万 ~4 万人，

但旅游淡旺季的存在将这个均值打破。从统计图表上可见，"五一"和"十一黄金周"如两根针一样高耸，特别是"十一"，每天接待的游客人次均在10万人以上，最高曾到达14万。"峰"即指每年7月中旬至8月末的暑期，大约40天内每天都有十万人次左右的游客。很多游客第一次来故宫，都把目光放在中线三大殿而忽视东西线。以至于出进人流郁积在中线。进门还好说，午门广场毕竟宽阔，但所有人出门都要走过御花园，都堵在神武门狭窄的广场上了。这不仅使游览体验大打折扣，文物更要承受如此人流带来的压力。除了1400万游客，故宫每年还要接待五万名左右特殊客人，几乎所有国家领导人来中国都要来故宫参观，比如奥巴马、布莱尔、施罗德、普京、克林顿等。据说当时奥巴马去亚洲四国，仅有五天时间，唯一的一次非会议参观就只选择了故宫。还有连战、宋楚瑜等台湾政界人士也将故宫视为联系两岸情缘、地缘的纽带。

关于未来，我做如下汇报。

第一，中国建筑设计研究院建筑历史研究所和故宫博物院在8年前编制了《故宫保护总体规划大纲》，我们要于此基础上进行评估并正式编制《故宫保护总体规划》，希望故宫每一寸土地，每一间房屋都能得到专业指导与保护。我们还有一个愿望，确保故宫安全并为更好游客服务，为了达成这两点，我们希望红墙内不再有职工办公；我们计划2016年之前完全搬出，使得红墙内变成真正的博物馆。

第二，经过多年建设，海淀昆玉河5万多平方米地界之上建了8万多平方米的基地楼，这里湿地风景如画，库房比故宫院内库房还好。考虑到热岛效应对文保不利，我们决定将故宫内花房和库房搬迁至昆玉河，还有一些大建材如金砖等也要迁移过来保护。总之，这是为了给故宫腾出更多空间进行修缮。

第三，原来内务府地区现在堆满了木料、砖瓦，我们想把这个地方清理出来恢复内务府建筑。

第四，端门原先不归故宫管理，移交至故宫手中时，端门还是个商业利益空间，各种商贩和展览充斥其中。

第五，经过谢老和诸位专家呼吁多年，大高玄殿终于回到故宫管辖，目前正在进行修缮。可惜里面文物一空，修缮后无法进行原状陈列，我们想把它做为市民讲坛使用，用于进行科普知识讲座。

第六，谢老和罗老不久前给故宫"世界遗产监测中心"揭牌，我们要真正依照世界遗产公约进行十大方面监测，这将在世界范围内开一例先河。通过现代科技和传统经验整合，我们成立了专门机构进行该项事宜。例如文化遗产监测信息管理系统，这将对于故宫每一座建筑的状况，每一件藏品的位置都了如指掌，不仅加强安保，也用现代科技对每一位进入故宫的人监测位置，双重保险，防止文物被盗再次发生。监测可以用于安保，还用于监控温度、湿度、光照等，同时完善网络系统及中心控制。对故宫来说，最重要的安全课题就是防火、防震、防踩踏，每年人流量如此之大，万一发生一些意外踩踏悲剧发生，后果不可估计。

第七，故宫安全更新换代不可停滞。以前吃亏正是因为如此，自 1998 年安保系统更新换代以后，一直到 2014 年才预计更新，到了 2008 年，1998 年那一套先进安保系统已经落后，所以为了文物这些不可复制珍品的安全，安保系统更新绝对要跟上时代。我还希望驻扎在故宫博物院里的武警负责故宫博物院警卫。最后我说一个问题，现在故宫环境令人堪忧，现代建筑不断逼近故宫，更有甚者利用故宫赚钱。听说有一家法国菜馆紧挨东华门，价格极高，人气极旺，仅仅是因为用餐时顾客可以看见东华门和筒子河，且不论是非对错，除了英、法联军这耻辱之外，故宫何曾与法国相关？一个国家的象征被外来文化如此侵蚀，这不得不说是一场文化悲剧。况且法国菜餐厅从建筑风格上与故宫不符，它自己美了，整体看起来却不伦不类。

孔繁峙（北京市文物局局长）：

听单局长讲了故宫的保护和开放，很有收获，今天的会议和主题确实是有特殊意义，对名城保护来讲也是至关重要。因为发展到现在，作为历史名城的城市文化，它必须要突出这个城市的历史文化，但是前提做好遗产保护，做好名城保护，因为名城的城市建筑是这个城市历史文化的载体，如果载体不在了，这个城市的历史文化迟早要消失。为什么现在有很多名城，游人去了以后，感觉不出它的这种文化来，感觉是空壳，实际上就是它的载体没了，它城市的历史建筑没了。作为它这个地区的历史文化实际上就仅限于传说，限于书本了，这就是一个最大的损失。从城市发展和文化遗产的传承，特别是发展中的保护和传承的问题。新中国成立以后这个矛盾就比较突出了，北京市的发展，恐怕在这个问题上最突出；现在也正在总结 60 多年城市建设发展当中有关名城的保护问题。如果要是概括的讲，前一段是重视发展，后一段才兼顾了保护，才兼顾了传承。

总结 60 年的名城保护工作，几乎都是教训，现在看北京城到处是新楼，可以说半个北京城恐怕都是新楼；我们有很长一段时间发展，是用平房换楼房，是用传统换现代，这一方面，我感觉应该加以很好的总结。我认为至少有两方面的教训，一个教训在名城保护上，有两条底线是不应该突破的，但是我们突破了，这两条底线一个是城墙拆了，第二个是成片的四合院胡同受到很大的破坏；特别是四合院胡同，它不是一般的民居，应该说它是整个历史名城重要的历史文化资源；北京城大量的历史文化出自于四合院胡同，而且文物保护单位很多都是从四合院胡同里产生的。如果要把四合院胡同给毁了，历史资源也就没了，可以说这是对历史，对传统文化非常大的破坏。第二个教训，就是在发展和保护方面，应该将这两方面的规划形成一个规划，但是没有形成一个规划；特别是新中国成立初期这一段时间，北京的发展规划实际上是建设规划，以后才逐步成为一个整治规划和改造规划。真正的保护规划应该是谢老在 2003 年的一封信，那是北京城四合院胡同和历史名城保护上一个历史性的转折。应该说是从 2004 年才真正开始推进名城的整体保护工作。

单霁翔：谢老给总书记和总理写过一封信，总书记批的非常明确的三句话。第一句保护古都风貌，文物要加强保护；第二句关键要狠抓落实；第三个是要大力支持。

孔繁峙：作为首都，北京城要大力发展，作为名城更要积极保护，这方面至少有三点经验：

第一个经验，首都的发展和古城的保护，应该按照"两利"的原则努力发展。这就是总理当初提到的两利，有利于发展，有利于保护。为什么这么说呢？我有个例子想说明一下：天宁寺边上有 20 多个大烟筒，一直是讲这个大烟筒对天宁寺有很大的影响，但是从反过来讲，当时"二热"建的时候，执行的是很重要任务，拆哪儿都行，但规划时没有拆天宁寺，在边上建的，这样的话，天宁寺就留下来了；现在"二热"退出舞台了，就要拆了，天宁寺留下来了。

第二个经验就是名城保护，包括文物保护，是要服从社会的发展，服从首都的发展，但是不服从城市一般建筑工程。因为一般的建筑工程对旧城是一个破坏，首都作为一个城市的发展，就是社会的发展。

第三，就是在城市发展当中，要加大历史名城建筑的影响力。北京作为首都城市，它发展不会停，总会按照潮流，而且还要第一，就是新建筑会越来越多，在这种环境下，古都名城与首都两个功能重合，如何来体现新的建设，又要搞好历史名城保护，这边就是我们名城建筑的影响力。

谢辰生（国家文物局顾问）：

在座的大家都是学者，我只是一个普通的文物工作者，就是痴迷于保护文物。如果要让我说，第一个我就先谈北京。我有个观点在许多地方都说过，我想在这儿重复我的意见，就是说保护也是发展，不要把保护与发展对立起来。这是一个最根本的观点。什么叫发展？就是经济社会的全面发展，经济社会怎么能全面发展，要坚持科学发展观；科学发展观本身就是全面协调可持续，而全面协调是可持续的前提，如果你不是全面发展，不是协调的发展，那么你就不可能科学。

我觉得保护也是发展。全面是什么，全面是精神文明建设，物质文明建设，政治文明建设，生态文明建设，这些叫全面发展。既然是全面发展，那保护文物本身、保护名城本身也是精神文明建设的范畴；而且一个城市作为全面发展的时候，保护文物应该是必要的，它本身就是发展，把这个东西说成不是发展就不对了。这其中的矛盾是在不同领域的项目之间的矛盾，我就是这么认识的。前一段时间六号线地铁要穿故宫，我们坚决顶住了，这不就解决了吗？另外比如像三峡工程，涉及到国计民生那不得了。有许多地下文物、地上文物怎么办？那只好迁移发掘来解决，那么我就服从你这个。作为这一点，保护服从建设了，可是有的东西是坚决不能动的，白鹤梁如果动就废了，因为它只有在那个地方才起作用，不是这个地方它起不了作用，它的价值就在这儿。

有个复建的问题就是梁林故居，我有一个想法，因为有的同志是反对的，说是根据文物保护法，文物毁掉了就不要复建，因为复建也是复制品，从原则上文物保护法是不赞成复建的，所以有的同志反对。从文物来说，我觉得是不应该

单霁翔　　谢辰生　　王景慧　　孔繁峙　　马国馨

徐宗威　　　　　　　　　　　　　　　　　　　高志

崔愷　　陈同滨　　胡越　　韩扬　　路红

刘谞　　刘若梅　　韩振平　　肖大威　　金磊

复建，但是作为梁林故居来说我觉得还是可以复建。我的理由是什么呢，你复建它的时候不要说是恢复文物，把它复建起来作为纪念馆，作为梁林故居旧址陈列馆恢复利用。

是否复建要有具体的分析，比如说，故居跟永乐宫不一样，故居你要挪地，从根本上就错了。你想啊，我住在北京，你非要给我弄南京去，那不就完蛋吗？故居绝对不可以。有的东西一挪地所有的价值都没有了，比如说建国门天文台，天文台的价值在哪儿，几百年来就在这个地方，可是几百年的资料到今天都是活的，因为你今天还在这儿观测，那么你就看出它的变化，所以几百年的资料都是非常有用的；你把它一挪地，几百年的活资料全变成死资料了，价值没有了。像刚才我说白鹤梁它不在那儿，它在别处就完蛋了，它以前的历史整个就没用了，所以这个东西还是要具体分析。要坚持原则，又要具体分析，所以我建议就是这样的，故居是绝对不能迁移，但是永乐宫可以迁移。

我认为北京市的总体规划做的非常之好，好在哪里？整体保护是第一次提出来的，说是全城整体保护，可是落实这个东西就大大的打了折扣，没有落的很实；你比如说对于城市基础设施，当年都是苏联那套大家伙，大宽马路，现在就得小型化。总体规划已经提的很明确了，要小型化，可是在这个方面好像就没有。老想开会说胡同发展了，今儿要开一个，明儿要开一个，这个矛盾还在。全面落实是各方面都要落实，不是光文物部门落实，文物部门解决不了问题，可是建设部门小型化很重要，小型化解决了，这胡同就不用整搬。

王景慧（原中国城市规划设计研究院总规划师）：

2011 年进行历史文化名城的检查，我有幸参加建设部和国家文物局几次检查，一共走了 26 个城市。历史文化名城到今年公布 30 年，这 30 年的成绩我觉得还是看出来了，如果当初没有这么一个制度的话，项目不会进行的这么好，起码我们今天把它当成一个问题提出来，起码造成一个社会观念，形成一个基本共识，包括历史文化名城的市长应该有这样的责任，我觉得这是一个挺不容易的过程。当然相应的配套法规，文物法里面加了历史名城，专门又出了一个民法条例，的确还是有这些成绩；这期间又有资金的保障，做了很多基础设施的建设，包括文物环境的整治，搬迁工程，整理风景区等等工作。

历史名城保护规划是从城市规划里分出来的，变成一个专项的保护规划，而且有它的编织外网，有技术规范，我想这个还是挺重要的。这些年不断的在培训，建设部和中组部有一个市长研究班，每期都有关于这方面的课，单局长也都去讲过这样的课。有什么问题我们可以继续去呼吁，去强调、去要求这个城市的市长做这样的工作，因为历史名城有时候看是个荣誉，但他的本质是一项责任，是一项法规。我们到很多城市去都会写我的城市是什么，我是五 A 级景区，我是中国文明城市，我是中国国家旅游城市，用电模范城市，精神文明建设城市等等一大堆，反正名号很多，唯独国家历史文化名城写入法规的，所以这不是个什么荣誉，这是个责任。我们到国外都有一个印象，巴黎或伦敦其实还不是世界遗产，它不像罗马、威尼斯等等，但在他们城市中会看到大量历史遗迹存在，而我们很多城市看到的基本都是现代的东西。

历史名城的条件要有两个历史文化街区，这个条件之设立就是因为我们要保护历史格局，传统风貌，但是大部分城市不可能全城有这样的街区，选一个局部地区来代表一下，这也算是一个办法。另外我觉得北京原来有一个 25 篇历史保护区，这个在一定程度上起了点作用。

文物环境的回归修复，不按照《文物法》的要求，把真的修假了；另外就是旅游景点的建设和文物保护的修复混为一谈，热衷于搞旅游。

怎么看待文物的复建，在《文物法》里面说文物不鼓励复建，在威尼斯宪章里面也提到文物不主张复建。我觉得保护的是一个历史的信息，文物具有历史科学艺术价值，它的价值最后反映在哪儿，或者如何认识价值，恰恰是因为有那些信息，有那些信息我们可以去解释它，我们可以去研究它，可以去理解它。而这个信息的特点恰恰在于我们今人有今天的认识，明天可以有更深刻的认识，这个信息是无穷尽的，所以就要求最基本的原始的信息应该保存住；复建的东西，只能是我们今人认识到的那些东西。我们没有认识到的东西没法复制。所以我觉得复制的东西本身是有局限。一般的说复制的东西即便是原材料、原工艺、原形式我觉得它也不具有文物价值。但是它可以有点文化价值。

提出中轴线的问题北京讨论过几次，包括地安门，开始也在讨论是不是再复建一个地安门，现在看来意见还比较统一，地安门是不建了。北京中轴线的起点到底在哪儿，我觉得可以建一个标志。至于原来到底多大规模，我觉得已经不可复制了，因为周围的历史环境也大大的改变了。

另外现在好像计划很多要拆，还作为环境整治工作进行，至于大片的民居我觉得也不一定拆。复建的问题我觉得要分清，文物价值，文化价值，旅游价值，然后还是要从信息来说保存信息，包括像搬家等等，因为我们说的信息是包括原址、原物、原状，原来的位置，原来的形状，原来的物件。

徐宗威（中国建筑学会副理事长、秘书长）：

刚才几位专家的讲话发言，对我来讲收获很大，让我学习到很多文物保护、古建筑保护的知识，对我有很大启发。

我讲两个题目，或者叫两个观点，第一个叫做春天来了，中国建筑文化的春天也来了。现在外面是万物复苏，春回大地，确实是一片春季盎然，中国建筑界也迎来了一股春风，这股春风确实还是很有力量，也很有色彩，有三个事情可以支撑春风。

第一个事情大家都知道，中央十七届六中全会。确实十七届六中全会提出了中国社会主义文化的大发展、大繁荣，这么一个战略决策，我觉得实际上也是对我们中国建设文化大发展、大繁荣，提出的一种时代的新要求，我理解建筑文化应该是我们中国文化的重要的组成部分。谈文化诗歌是文化，戏剧也是文化，绘画也是文化，但是我觉得更重要的还是我们的建筑文化，建筑文化应该说是一个民族、一个国家的文化，是历史文化一种集中的表现载体或者叫象征。中央六中全会应该为我们中国建筑文化的大发展大繁荣搭建了一个巨大的舞台。

第二件事情就是刚才也说到吴良镛先生获得的国家最高科技奖，最重要的这个奖项给了我们中国建筑学界这样的专家，像吴老自己讲了，这个奖不仅仅是给他个人的，也是给中国建筑学界的。我理解，中央这个奖项给了中国建筑学界的著名学者，实际上也是对中国改革开放30年来，中国建筑界建筑师、工程师为中国的建筑事业，为中国的城乡建设的所做出的艰苦的努力，使得我们的今天的城乡面貌发生的巨大的变化，中国的国际形象有了直接的提升，一种褒奖一种肯定。这个奖项的意义是非常重大。再有一件事情就是刚才也说到，我们中国的建筑师王澍先生获得美国普利兹克奖，这个奖应该说在国际上影响大的，这个奖项给了中国的建筑师，应该是对我们中国建筑界一种肯定，或者叫褒奖。通过吴先生和王澍先生的获奖，我自己理解就是这两个奖项的褒奖的意义，或者说他们身上，他们工作中的这种精神的体现在什么地方？这两个奖项为什么给他们，他们工作的主要精神所在在什么地方？我觉得主要还这么三点。这一老一少应该说有共同之处。综合起来就三点。

第一点就是两位获奖者都是对中国建筑文化充满了深情厚谊。第二点就是在他们的工作当中或者叫作品当中，都体现出如何在保护和传承我们中国优秀建筑文化的基础上去发展、去创新，我们讲传承也讲创新。第三点就是他们在贯彻节能减排、保护环境、尊重环境、保护环境确确实实做了非常有意义的探索。所以我觉得这三件事情，确实是为我们中国建筑文化，文化界带来的很强的一股春风。

前不久开了两次会，一次是在人民大会堂搞了一次中国建筑文化的繁荣和发展的座谈会，在那个会上应该说我们的马院士，崔院士还有其他的几个院士，还有其他的部长都做了很重要的发言和讲话，阐述了中国建筑文化的精髓，中国建筑文化如何保护和传承做了非常好精辟的论述。还有一次会就是刚刚说到我们在京西宾馆召开了一次中国建筑创作方向的工作会，所以举办这个会议也是针对当前建筑的现状，建筑的实际，提出了这么一个主题，我们也感到中国建筑的创作似乎有些方向不清，似乎有些迷惘，似乎有些盲目，这是怎么说呢，中国是一个非常大的建筑国家。我们一年的建成量差不多30亿平方米的规模，数量之大，应该说在全世界排在最前面的。30年来，我们虽然建了那么多的房子，但是我们很遗憾的是，我们确实存在这种千城一面、文化缺失这样的现象，最遗憾的我觉得我们没有形成当代中国主流建筑形式的风格，所以我们召开这个会议，也是想唤起中国建筑师对建筑创作工作一种重新认识。

马国馨（中国工程院院士、全国工程勘察设计大师）

今天是讨论城市文化和建筑遗产，我因为现在是淡出一线，有一个好处，可以更多的从一个观众或者看客的角度来观察这些问题，尤其单局到了故宫以后，大家也都抱了很大的希望。报纸上发表了很多文章。大家对故宫的愿景都已经有很多的期望，我觉得今天讨论从紫禁城开始还是很有意义。

应该说现在故宫越来越引起大家的关注，因为唯一就这么一个。所以要说起这个对北京，对故宫的我就想起了30多年我在国外碰见贝聿铭就讨论起北京，他说北京是一个完整的艺术品，哪一块你破坏了，就它整个的艺术品就破坏了。当时我心想城墙拆了，他说就整个北京艺术性已经破坏的不得了。我说你看看北京好多新建筑，都是我们北京院设计的。他说，你们北京院越设计我就越有意见。故宫也是一个完整的艺术品，破坏了它一点，也等于破坏。现在故宫周围的环境好多也给故宫破坏不少，所以这是外部的。因为现在涉及到我们故宫将来怎么发展的问题，我刚才看了一个保护规划，我觉得刚才谢老说了保护也是发展，这句话还是很有道理的。要发展、要保护，这两个对故宫来讲哪个更重要，我觉得是保护更重要。因为故宫现在是双重身份，它是文化遗产，是全国重点文保；它又是一个博物馆、博物院。这两个本身它是有一定矛盾的，要怎么来处理这个矛盾，本身是一个很关键的问题，所以我的观点首先是保护更重要。博物馆要服从故宫，所以我现在就提出我的一点看法，像现在故宫每年1 000万的观众，每年要增加100万，它的发展方向是什么，要把它疏解。城区要把老百姓疏解，故宫也得疏解，不能让人越来越多。刚才说罗浮宫是800万，星期天去的时候没法看，蒙娜丽莎前面是人挤人，那个环境根本就都不行；而且这里边我感觉还有一个问题，作为故宫来讲，除了那些展品是无价之宝，这个房子也是无价之宝，所以这个房子怎么用它，怎么来保护它，我觉得这里边也有一个问。所以我是主张第一故宫还是要疏解，我的初步设想，第一展览要分区，一般的观众就在三大殿什么这一路出去就完了，其他的您要有分级，要有预约的，要有登记的，日本某些文化场所都要预约，好几个月以前预约，告诉你哪天，几点你去。您看台北张大千古居都得预约，每次进去就那20多人。我希望，能够从保护和研究那些角度把他做的更好一点。这是我的第一个观点。

第二点观点我原来跟单局说过，我是一直主张在外边重新盖一个故宫博物院进行展览，这一来你可以转移走大量的人流。因为现在这个文物当中，您现在展了一万多件，有100多万件呢，都在这里边这么轮流，不可能。比如说，太和殿就是这点东西了，您不可能再转来转去，您那个书画，绘画馆，钟表，钟表馆珍宝馆也非常有限。我跟单局老早说，故宫要盖个地下库房，找我们来做一个评估，我专门写了一个书面报告，主张在外面单盖一个，就是展览、研究、保存。这么值钱的东西，你不拿出点东西来保护，我觉得这不应该。把人流分散，故宫的条件也会好的多。

我在北京市当过政协委员，我给故宫还真写了一个提案，但是那个提案后来没下文，没人理这个茬；好像到了北京市，北京市说这个事不归我们管，我们就转到别的地了。当时故宫在大修太和殿，我说大修太和殿是一个普及文物保护知识，让大家关心文物、关心故宫非常好的机会。因为我在国外看日本东大寺的大修，台湾的龙山寺的大修，人家都搭了架子以后，有观众专门参观的这条路，你不见得100万观众人人都来，你比方搞建筑的，对小学生，对感兴趣的，但是有一条路，就是好像他就看到那儿在干吗。我觉得其实是对故宫一个非常好的宣传，也是对文物保护和文物修缮，这些大家非常深的印象。哪怕那时候太和殿前面广场您一件件东西拆下来都搁在那儿，您就让观众都过去看，都搁好了，这是什么，那是什么东西，这个本身都是一个非常好的宣传，当时我就写这么一个提案，后来也没动静，到最后太和殿也修好了。最近听说东华门又在修了，我估计这个也没考虑这事，可能到时候完了以后，东华门也修完了，大家也不注意了。实际上这是个扩大文物保护、做好普及知识的一个好机会，就搭一个架子，有这么一个地，走过去，然后大家就看这么一眼，也不见得弄的太高。

现在虽然有钱了，可是我看在这个故宫规划当中，还没看出咱国家的气魄，别的工程领导同志气魄都大的很，拆这儿，弄那儿，气魄都大的很，可是到了故宫保护这儿，他倒是没显示大的气魄。当然单局本身呼吁是有限的，孔局呼吁也很有限，这恐怕是不是得从部里，从市里，从各个方面做更大力度的宣传。

刘谞（新疆城乡规划设计研究院有限公司董事长）：

我毕业到新疆一干就干了30年，也不光是为我，骨子里还是希望能够在新疆能做点事情；今天我听了各位专家前辈以及这一方面的权威讲了很多，给我长期积累对中华民族的历史文化传承保护，以及我们对文物和传统文化的认识，对我们历史上的这条脉络增加了很多清晰的部分。同时我也再想新疆的历史传统，遗址和文化如何保护。因为新疆尺度太大，它基本的尺度不是一个城的，所以我觉得对于我们建筑设计者和规划设计者应该面对六分之一的时候，认真面对新疆戈的壁沙漠和沉淀了很多丝绸之路上的历史文化传统，我们做一个建筑师如何能够把今后生态低碳的环境保护的更好，更加尊重历史，尊重祖宗，将传承历史文化的工作坚持下去。

肖大威（华南理工大学建筑学院副院长）：

对建筑历史文化的研究，从我读大学的时候一直都是我们很重要的研究内容。其实从年轻的学生到老师，都是在关注这一点，学界也在关注这个。
历史文化遗产有一个发展的过程，人们对这个过程的了解和认识也是不一样的。其发展的过程当中，全民对历史文化遗产的觉悟也会有所提高，我讲的这个觉悟是说我们对文物认识的一个觉悟，或者对遗产认识的觉悟，或者对历史文化认识的觉悟，。这个时候，保护历史文化的理论也相对成熟，各个地方的实践也不断展开，各个地方的实践还不一样，有各种模式，他不断的创新，多元的保护方式和合理的利用相统一。那么在这个时候人们的行为就是很正常的去理解、评判、思考文化遗产。他在做每一个动作的时候，会很自觉的想到这是一个文物，或者是需要保护的地方。如果我们的建筑师、我们的规划师、我们的领导、我们的群众都有这个觉悟，都会去自觉的评判这种文化遗产的价值，很恰如其分去理解这个东西，做这个东西的话，那么那个时候就是我们文化遗产活化的那个阶段，在那个阶段我们的保护就会变成一个相对自觉的保护，那个时候才真正走到一个良性发展的时候。

胡越（全国工程勘察设计大师、北京市建筑设计研究院总建筑师）：

与文物保护还是有点差距的，我是帮人来拆然后再盖新房子，破坏者的那个感觉。所以谈这个我觉得可能从另外一个角度看可能更有体会。我个人对故宫还是特别有感情的，我记得我从初三开始一直到现在，每年都来好几次故宫。每次来的时候我都想到我上初中来时的那个状态特别好，没什么人，那个时候跟现在不能同日而语。因为故宫这种地方除了外国人，就是外地人，北京人很少来，"非典"的时候人都不来了，到故宫来看一看非常好。我主要看绘画馆和绘画研究所这俩地方，因为别的地方现在都不敢走了。我还是对故宫特别有感触，所以我觉得看着故宫这几年的变化，特别是刚才马总说的关于故宫保护的一些建议，我还是也有点同感。因为记得最近这几年总是讨论北京的发展、资源和人口之间的矛盾，这问题会越来越厉害。城市你想越来越好，越来越大，那就是因为中国地区的不平衡是长期存在的，就吸引更多的人来这儿，这个矛盾就越来越激化，越来越尖锐，我觉得故宫可能也存在这么这么一个问题。

谈到关于城市的保护，特别是成片的城市保护的问题，我有一个深刻的体会，因为我觉得像这种普通的建筑它跟故宫不是一个档次，档次的还是普通的民居或者是四合院，我觉得要在这个社会发展当中，要想能够保存下来，它必须在现代社会中发挥作用；如果它是一个累赘，没有作用的话，那就是受这个驱动，受这个利益的驱动，受需求的驱动，它就肯定出现咱们现在这些矛盾。说了多少年了，但是还是成片的拆，或者是被改变成一个旅游风景区，实际上也是变相的破坏文物资源，所以我觉得在这个现实的社会当中，必须有它的功能能发挥作用，才能够真正的得到保护。但是这个发挥作用，我觉得其实是两方面的，一个方面是物质上的作用，因为咱们中国的建筑体系，我认为是比国外的欧洲的建筑相对来说难以保护，是因为它这个建筑体系在现实社会中发挥作用比较困难，而这个咱们现在做的现代建筑实际上是欧洲那套建筑体系一脉相承传下来的，这套东西实际上能在现代社会当中还能有一部分发挥作用，你比如说公寓还在住，还有一定的密度。但是在中国这个城市里头，却面临着一个在物质上它能发挥作用的确遇到很大的困难，同时我觉得在建筑设计这个行业包括文物保护，如何让中国古建筑的这套系统，能够在现代社会当中发挥作用，如果没有作用的话，最后受利益驱动，它就必然要给拆掉，所以我觉得在物质上发挥作用还可能需要踏下心来，需要有人来做这些事情。

另外一个更大的作用，我觉得就是精神上的作用，因为这个文物留存的话，它肯定是跟现实社会的发展是有矛盾的，但是我觉得精神的作用是非常大的，所以我觉得在中国社会里，之所以文物保护遇到很多困难，其实说句实在话，就是那些有权的人，或者有钱人，文化水平太低，要我说其实就是这么一个问题，因为实际上精神的作用是很大的。举一个跟这没关系的例子，有一个外国的学者他曾经调查过，比如说买汽车，好多因素来触动他买这款汽车，但是最大的作用不是钱，也不是空间，也不是耗油，也不是他的机动性，实际上最终决定作用的是那个好看，就是说这个好看对美的追求是一种精神需求，所以我觉得现在这种情况，实际上是那些人的文化水平还没达到这个精神需求，所以他就可以为了眼前的利益能把这个东西拆掉，；如果有这个高端的精神需求，像在座的学者这样，他肯定会要思量思量。就说我有钱我可能也要觉得这个保存一下这个老东西记载文化、传承文化的这种东西可能会更重要，在他的价值平衡的砝码上，所以我觉得，教化的作用是非常重要的，就是对人的教化。我觉得我是没从古代过来的，咱们没这个机会。从古代，教小孩三字经，其实三字经就是对孩子历史文化的教育，三字经里头大部分内容是中国古代史一个简单的陈述。

路红（天津历史风貌建筑保护专家咨询委员会主任、天津市国土资源房屋管理局副局长）：

每参加一次这样的讨论会就像有喝了一顿心灵的鸡汤，实际上给了我继续努力一个很好的滋养，所以非常好。对当前城市文化我想讲两点：一个是当前喜和忧，我觉得目前来讲，应该说城市文化遗产保护这种大的趋势是非常好的，就说这里面最大的一个喜，我就觉得无论是高层的领导还是基层的民众应该是都有一个非常清晰的认识。还有一个是我们基层的民众，年初的时候我搞了一个座谈会，对"十二五"期间历史建筑保护规划征求民众的意见，我想开门征求这种保护意见，大家提的那些意见非常好，来自各界的人对这个我们的保护规划提出了很多意见。我一共开了三个方面的座谈会。这里面有些是到家里面去拜访的，包括文化界冯骥才，很有名的作家航鹰，他们都有很好的意见。再到普通志愿者，还有一些普通的居住在这里面的老百姓，我就感觉到大家的认识是非常趋同的，这一点来讲，我就觉得这是我们最好的形势。

城市文化遗产保护的概念是深入人心，还有非常细的一点，各个操作部门，的理念包括技术手段也都在更新，而且都是朝着一个更好的目标在做。刚才孔局长可

左起陈同滨、单霁翔、路红（摄影／金磊）

能讲了，作为北京文物界一些做法，我们今天包括文物局，包括我们局，包括规划局三个部门，都完善了机构，今年刚通过天津市历史文化名城和风貌建设保护条例，把专家们的意见都落实到位了，这种保护理念，在我们政府各个工作层面上已经得到的认可了，当然我想，全国大的形势应该都是这样的，这是说好的方面。忧的方面我觉得还有一些，我感觉到还有很多严峻的形势，刚才王景慧总说的，因为王总是到天津来检查我们历史文化名城保护的，实际上我觉得他刚才讲到一个非常重要点，我觉得目前我们对于历史文化名城，包括历史文化遗产保护的理念十分的不清晰。

2011 年年底时候，我的老同学陈同滨讲了历史文化遗产的价值是什么，我那时候一下子就开窍了。我们很多的管理者，包括我们的实践者都不明白，我们到底要保护什么，都是独立在保护。您说我们要保护一个建筑，我们建筑的目的是什么，当然我们现在知道要保护它，要传承下去，那传承它的价值在哪里都不知道，其实我就觉得这个理念非常不清楚。一个历史文化名城，保护了一片街区，保护了几个建筑，没有什么说就是说它的意义不是说在这个本体的本身，而是它体现了一种突出的普遍价值。这个没有任何人去梳理，包括那些市长为什么说几十个名城就没有了，他就不懂得这里面的价值，他只是把它看作一个静态的建筑物，或者一个静态的街区，如果很多人都明白了，像天津之所以成为历史文化名城，就是因为他有一个非常突出的价值，既有九国租界，也有中国传统文化，在中西合璧的这种情况下，他怎么保证两片独立这样的一种文化形态。如果要是能认识到这一点，天津老城不会拆，所以我觉得这里面最大的一点就是理念，虽然大家保护形成的共识，但是保护的目的实际上还是没有明晰，我觉得这是一个最让我们忧虑的事，所以我觉得这块以后应该加强。

还有一个很严峻的形势，我就感觉到目前我们的法制和体制建设还不完善。从2009 年开始我把文物法等有关法规都学习一些，学完了以后就发现，其中有很多冲突，还有很多是不统一的，这对整个中国的文化遗产保护是非常不利的，就从名称上都分成好几个部门管，历史文化名城街区建筑，然后又有文物保护单位，而且现在目前中国的管理体制，我就是管理体制中的人了，单局长原来也是现在应该算是，孔局长也是；大家都知道这个部门之间实际上还有一个利益之争，那么这个利益之争在文化遗产保护这方面，如果不能形成合力，这个局长有这样的认识，那个局长有那样的认识，最后形不成合力，那么实际上遭殃的就是这些历史文化遗产。我觉得不用立文物法，其实就是历史文化遗产保护法，一个大法将来概括一下，把这些东西都给梳理清楚，实际上有了这样的一个大法，整个大的体制就有了。

第三个我觉得非常忧虑，就是我们操作体系目前来讲是非常薄弱的。我说的操作体系是什么呢，我们整个传统建筑的保护，实际上很重要的一点，因为我们保护的这种传统建筑很多是工业文明之前的，是手工作业的，这种东西完全要靠手工操作。咱们讲原工艺也好，原材料也好，原尺度你完全可以复制，但是原材料，原工艺尤其是这个原工艺太难了。30多岁以下的年轻人应该说是非常浮躁的，而且他们眼睛关注的是少干活、多挣钱，你说让她去做泥瓦匠，去弄这个东西，现在连从农村来的青年他都不愿意去做了，所以这样的话我们这套操作体系，如果到最末端缺失的话，那么整个链条没有的话，也就无法实现我们的理想。我就自己想了这么几点。

我觉得应该各方面都要重视宣传，一定要高端、中端、低端全部要选择，要向领导层游说。领导层的观念改变是非常重要的；还要向群众游说，一定要不遗余力去做这个事。我想就像金磊总编他们做的这个《中国建筑文化遗产》杂志太棒了，向建筑师全面推进，一定要全面的占领，让大家都知道；还要请一些重要的学者经常去讲，单局长去年到我们那讲了一课以后，我们基层房管站的同志特别的感动，我们那天连书记都去听了，他们就说了，知道了一种概念，知道了一种理念，在做的时候，他说我们在为历史守护一些东西，我就觉得这种理念的教育应该说非常好的。我们是从2009年开始走进校园跟学生们讲，有时候我要在街上碰见学生，他说你给我们讲过课，我就心里特别的高兴。

高志（加拿大宝佳国际建筑师有限公司北京代表处驻中国首席代表、北京大学城市规划与发展研究所所长）：

我只说两条，第一个我在美国和加拿大前后待了20年，我就想做个对比，刚才片子上世界五大博物馆，我一眼就看出来，纽约大都会博物馆，每一次进去我脑袋的血往上涌，为什么呢？你看那里好东西谁的呀？我们的呀。他的展品都是咱们周朝的铜器，汉朝的雕刻，古埃及，古非洲他们没什么东西，全是抢的，好一点说是买的，所以我就觉得他怎么展，就不能跟咱故宫比。为什么？因为刚才单局长说的特别好，说你这个东西光有还不行，你还有那个环境。当时皇帝也好，谁放的也好，我就觉得咱们故宫博物馆要这点做到，那谁都比不了，包括卢浮宫都不行。咱是原样的东西放回去，因此我特别赞成马院士刚才的意见，就是我们不要光盯着文物，故宫的建筑本身和文物加在一起才能更有意义。因此我就想这个是不是咱们要是考虑的时候。

第二个刚才路局长说了一个，说我们保护文物是为了什么，我觉得这句话特别重要。我在网上看过一个日本人写的篇，主题是我们为什么看不起中国人，在我们公司的会议上我给大家念过，念得我们恨不得当时就喊打倒日本帝国主义。这个日本人在中国留学的日本人，他说我们到中国来干嘛，我们就是要研究中国，我们就是来研究南京大屠杀，我要找证据证明没这件事，我要找证据证明钓鱼岛是中国胡说八道，这是他写的原话。他自吹说我的论证已经远远超过中国历史学家对这个研究水平，我敢跟任何中国历史学家对质，南京大屠杀是谎话，钓鱼岛不是中国的，他说我有详细的实际材料。他说为什么看不起中国人，你们这些中国人你自己都不好好研究，还让我研究明白。从道理来讲，路局长提的太对了，我们一个民族要想被人灭亡，首先毁灭你的历史。它不是一个简单的文物保护，也不是一个简单的文化传承，是我中华民族5 000年这种文明的精神，没有我们就不是的，割裂我们历史我们还是什么呢，我们什么都不是。而且我们过去有一种错误的认识，我们搞建筑总是一说建筑，老是讲明代建筑，好像清代建筑就不是了，说他清代是满族，我特别不赞成那个观念；满族就不是我们中华民族的一员吗，它也是我们一个历史，所以我觉得咱们不要再那么狭隘，要把它放作历史来看，因此我赞成路局长的观点，保护的目的是为了一个民族长期的传承。

我们站在世界上最终靠的是文化，而这种文化它必须有载体，没有载体怎么体现有文化呢。我同意马总的意见，咱现在有点"人满为患"了，应该想办法，将人流给控制好；通过价格来控制我觉得也不见得是个好方法，这一点做好了同样对文物保护可以起到积极的作用。

陈同滨（中国建筑设计研究院建筑历史研究所所长）：

刚才说的几个问题其实我都特别感兴趣，当然这些问题以前都讨论过，院外建博物馆，减轻负荷什么的这些问题，都还可以再深化讨论。其实我本人还有一个很强烈的想法就是最好在院外建办公楼，你还有这么多人，1 000号人在里头办公，对房子要求也是很大。这个事因为我们是一个设计服务方，就特别希望大家一起来想故宫怎么办，因为故宫毕竟是我们民族最抢眼的一个遗产，在大家心目中地位也是最高的，万一做差了，我们都承担不起这样责任。

现在的故宫更像一个旅游景点，而不像一个真正的宫廷文化博物馆，这个东西怎么做，希望下一次开会专门讨论这个事。关于故宫建筑和它的藏品的关系，这个关系定位在 2004 年故宫保护规划大纲已经清楚了，就说这个房子不值钱，要紧是这些古玩。那么那次故宫大纲最关键的作用，就是把定位定过来，就是你的古建筑群和你的古玩是同等重要，一个是可移动的，一个是不可移动，共同构成中国皇家的宫廷文化的物质，所以刚才我说价值到底在哪里？价值见证就是宫廷文化，房子也见证，古玩也见证。刚刚马总说道的展览分区的事，其实这个故宫博物院或我们规划里都已经在策划了，一定也是分档次，有开放的，有预约的，有限定的。现在一说限定就很敏感，所以就说预约吧。其实容量很小，也经不起这么多人看，这里头还讲了刚才说到经济杠杆怎么控制人，这个事也是很敏感。我们上回曾经讨论，按照这样人口的数字，和故宫现在参观这个人流量，还远远没有能够应对人口今后的普遍需求，很可怕。

我们做故宫评估的时候，这叫优质国有资产。这是给国家挣钱的地方。这条东西让人觉得很郁闷，作为这么一个来对待，所以下一步真正怎么管好故宫，真正要群策群力。今后建筑师和遗产界要联手，这一条我感觉特别明显，我们现在经常有一种孤军作战的感觉，我们是建筑师，但是干的项目全部是在遗产界。

刘若梅（中国文物学会传统园林建筑委员会副会长、秘书长）：

我们今天召开这个会，刚才有的专家提出跨界，其实我认为不是跨界，因为本身我们所有在座的人，应该是跟建筑师有直接关系的，可真正的我是想包括像几位大师，还有几家大设计院，原来的咱们学会从一开始成立到现在，应该没有脱离这些层面的东西，单局做了中国文物学会的会长以后，我们的文物保护事业就更有希望了。

崔愷（中国工程院院士、全国工程勘察设计大师）

非常荣幸应邀来故宫开这个有关遗产保护的座谈会，对我来说是一次难得的学习机会。刚才听到单院长和谢老等前辈的发言，受益匪浅，也很受启发。由于要出差去机场，不能聆听后面专家的发言深感遗憾。只好把自己的一点感想写下来与大家分享，请各位指正。

与在座的许多从事文物保护工作的专家不同，我作为建筑师往往处于是在建设还是破坏的尴尬境地。我们要服务社会，更要延续城市的文脉，我们要创造新的生活空间，更要尊重先人的遗存。正如谢老所说，保护和发展并不矛盾，从城市文化特色角度来说保护就是为了发展，我们也总是以这样的立场去工作，去和客户沟通，去寻找创新的机会。但坦率说与客户达成共识的机会并不很多，有时候客户给定的条件恰恰违背了遗产保护的原则，让我们好像面对着一个陷阱，一经发现便要小心应对，想想是否可能把它填上还是会掉下去？是否有必要走下去？下面举两个最近的例子。

不久前应邀参与了一个北京历史保护区内的项目，场地有一组历史建筑遗存，之前有别人做了方案，把老建筑都拆了，设计了一个所谓新四合院式的风貌保护建筑。这其实是常常出现的问题，似乎有一种保护城市特色的态度，但方式是把真的拆了，再建个仿的，形式上好像变化不大，但实际上真实的历史信息荡然无存，好处是可以更容易的满足业主使用的要求。出于对历史建筑保护和利用的要求，我们的方案巧妙地利用场地边侧空地布置功能空间，而尽可能多的保留历史建筑，并且通过内部流线和公共活动的组织，将历史建筑成为建筑群落的主体，而扩建的部分反而成为背景，表现出对城市文脉的尊重和有机发展的立场。但业主并不满意这样的方法，觉得不够气派，也限制了功能和面积的扩展，一定要留老房子的话也要拆了重建，下面可以建地下室，上面可以加楼层。虽然在国外有类似做法，但我们中国砖木建筑很脆弱，这么一拆腾就散了，历史信息很难完整保存下来，难度大。如何处理？文物部门要求全部保护，那么与新功能的使用怎么结合，可否有一点宽容度？让新旧结合，对比更有文化的传承和创新的意味，而不是单纯的保护？还要请前辈把关。但来自业主的压力很大，沟通困难。

另一个例子在外省，这个城市里有一个隋代的古塔，前几年还出土了佛牙舍利，是非常珍贵的历史文物。甲方邀请我去设计个博物馆，我有一种朝圣的期待。但当我到现场踏勘的时候着实吓了一跳，第一眼看到一座前些年建的博物馆挡在了隋塔的前面，间距很近！第二眼看到塔的侧后方有一个高大的建筑正在施工，对隋塔形成了强烈的压抑感！经了解才知道那是一个计划投资三十亿的佛教文化旅游乐园，是打着宗教旗号的旅游项目，规划气势很大，将来隋塔就成了它里边的一个小景点，真是本末倒置，主辅不分！当然我不会同意在这样的环境中设计什么博物馆，也呼吁有关部门和专家关注这个情况。当然施工已全面展开，高塔已经封顶，对隋塔环境的破坏已成定局，很难改变。但我仍然希望文保界对这个项目进行认真评议，做出结论，避免这类现象重复发生。

中央六中全会提出了"文化大发展大繁荣"的号召，必将引起新一轮文化建设的高潮。在我们为之振奋和鼓舞的同时，内心也多少有一些隐忧：如果没有正确的文化价值观，如果没有对真文化和"伪"文化的鉴别力，如果仅仅是文化搭台经济唱戏，我们的文化遗产还会被破坏！而可悲的是这种破坏往往是那些打着文化大旗的，不懂文化的，所谓的文化人！（书面发言）

茶会与会部分专家合影（摄影／万玉藻）

中国建筑应当追求什么效益

张钦楠

建筑设计在很大程度上依靠一种"反馈—前馈"的方法，也就是，首先总结前人或自己在类似工程中的经验教训（人们称之为"使用后评价"），形成新的构思概念，用于新的设计，如此循环不息，使每项新设计都有所改进。

问题是人们以何种标准来总结过去，构思未来？换句话说，人们追求的是何种效益？例如有的开发商就坦率地说，他追求的是利润（甚至是暴利）。有的建筑师追求的是建筑形象的视觉效应。应当肯定，不同的人可以有不同的追求，但是从社会整体来说，必须有某种统一的要求和最低的标准。这种最低标准应当具有约束性，但人们可以在满足最低标准的前提下，有自己进一步的追求。

近年来，有鉴于环境问题的严重，一些国家制定了"绿色建筑"的评价标准。这些标准，有的是官方制定的，也有的是民间组织制定的，例如美国评价"绿色建筑"的 LEED 标准，就是由民间组织制定并提供评价服务。建设单位可以自愿申请对建筑进行评价（由于这项评价的权威性，凡经过其评价获奖的建筑，往往是身价百倍）；有的州当局则规定政府工程必须经过评价。这种趋势说明，人们越来越感到有对设计进行某种统一评价以及制定统一评价标准之必要。应当肯定：建筑评价是一门重要的科学，具有重要的理论和实践意义，完全可以形成一个学科，我们可暂且称之为"建筑评价学"或"建筑效益学"。

当然，要建立一套符合我国国情，又简明易行的评价体系，不是一件容易的事。它不仅要求体系本身科学合理和容易操作，还要求社会有自觉的实施愿望和驱动力。然而，在这样一套评价体系建立之前，我们仍然可以先在局部方面实施（如"绿色建筑"、"节能建筑"等）。最重要的，是在一些基本评价原则上的共识。

笔者于 20 世纪 80 年代在政府机关就职时，曾经学习和探讨过建筑设计的评价问题，虽然由于主客观的限制，未能付诸实践（仅在建筑节能效果核算方面做过一些工作），但是也取得了一些心得，后来写在拙作《建筑设计方法学》一书（陕西科技出版社 1994 年出版，清华大学出版社 2007 年出版第二版）中。在该书中，笔者把建筑效益作为设计的主要目标和评价标准。对建筑效益，当时笔者提出三个方面，即经济、社会和环境效益，后来，当资源问题日显重要时，又主张再加一个资源效益。对这四种效益的评价原则，我们应当有一些统一的认识。

1. 经济效益

在建设项目的经济效益评价中，有两点必须得到确定。

（1）树立全寿命费用的观念。长久以来，政府部门在设计管理中强调的是一次投资，或建筑造价。当时评价一项设计是否经济，主要就看其（单位）造价的高低，对住宅等"非生产建筑"更是如此。其实这一做法是很片面的。

一个项目的效益，可以用下列公式表示：

$$效益 = 项目收益 / 支出$$

用造价控制的时期，收益就是面积，支出就是造价，单位面积花多少钱，就成为评价效益高低的标准。这种做法的缺陷在于：①建筑收益不仅表现在建成面积上，还表现在建筑功能、建筑寿命、社会和环境效果等诸方面；②建筑的收益和支出都不能只看一次造价，而必须考虑建筑的全寿命（"生老病死"）的收益和支出（包括经常的能源和运行费用，在发达国家，这些费用远远超出一次造价）。正是这种强调造价的片面认识，造成了在许多寒冷地区，为了节约一次造价，片面减小外墙的厚度，只求满足结构承重的要求，乃至有些地区外墙厚度薄到冬天内墙面结露的程度。时至今日，中国 95% 以上的建筑严重耗能，这就是说，片面节约造成了极大的浪费。

笔者在 20 世纪 80 年代主张建立全寿命费用的效益观念时，遭到一些同人的反对，他们认为不符合中国国情。应当承认，这种反对有一定根据，因为在计划经济体制下，产品价格严重失衡。作为能源的煤炭价格在国家补助下很低，而墙体保温材料的价格却居高不下，这就使建筑节能失去经济动力。相反，在欧美国家，因中东战争造成的"能源危机"使石油价格猛升近十倍，而保温材料价格却比较便宜，结果不到几年，这些国家建筑的单位能耗就降低了一半，而中国的建筑节能却举步维艰，至今还由于供热体制没有理顺而缺乏社会驱动力。

（2）区别单项与社会的效益。在一般经济学理论中，对建设项目的经济效益，均从两个层次来分析：一是在投资者的立场上；二是在社会的立场上。前者被称为"财务评价"，后者被称为"国民经济评价"，二者有时并不统一。前者的特点是用市场价格和银行现行利率来计算收益与支出；而后者则用"影子价格"和社会积累率等来计算。我们在 80 年代研究制定采暖住宅节能标准时，对煤的价格，就用出口价格计算，理由是在节约能源后，多余的能源可用于增加出口。可是投资者从当时煤和保温材料的实际价格来计算，就会得出节能无利的结论。

我国国家计委与建设部在 1994 年颁布了《建设项目经济评价方法与参数》（第二版），最近建设部又颁布了第三版。建设部对房地产开发项目的经济评价也有规定，实际执行情况不明。

2. 环境效益

1972 年联合国在巴西里约热内卢召开了有许多国家首脑参加的大会，这次大会促使人们对地球环境所面临的威胁（气候变暖、大气臭氧层被破坏、海面上升、动植物品种减少等）产生了警觉，为发达国家的节能工作带来了新的驱动力（人们发现，造成大气转暖的主要原因是空气中温室气体二氧化碳含量的增加，它主要来自矿物燃料的燃烧。据资料估计，建筑物对大气转暖所起的作用约为 1/4）。针对这一威胁，很多国家都加强了对建设的环境质量影响的管理，发展了系统的环境质量评价体系。对建筑物，特别强调"绿色建筑"的设计和建造，并专门制定了"绿色建筑"的评价标准。

中国是一个耗能大国，在温室气体的产生上，也名列世界前茅。中国虽然有中央和地方的环保管理机构，制定了多项环境保护法规，建立了建设项目环境质量影响报告的制度，但是，环境恶化的趋势仍然未见扭转，废料、废水、废气的排放有增无减，河流和海洋遭到严重污染，有关主管领导再三发出警告：中国的环境负担已经到了无法承受的地步，但是污染环境的趋势仍然不断发展，乃至食物安全也受到影响。尽管有的主管部门提出大力发展公共交通的要求，有的大城市因为环境质量不好而在国际组织的评价中已从投资环境前列中降级，但是有的地方仍然热衷于发展小汽车，甚至不顾人们是否需要，提出要"家家有小汽车"的口号。这说明环境意识的重要性和紧迫性。

3. 社会效益

在经济、环境、社会三大效益中，最不受重视的可能是社会效益了。前两者不管怎样，还有主管部门在制定法规和评价办法，后者则是谁都有份，却无人专门负责。

社会效益如何评价，有没有一种像经济和环境效益一样，可以定量进行评价的方法？笔者在《建筑设计方法学》一书中，曾经介绍过美国一位学者提出的以"生活质量指数"为指标的评价体系，其中列出了近50种指标来反映一个社区的"生活质量"。这是本人见到的最完整，也最有操作性的评价体系。

社会效益能否规划？这也是一个很值得探讨的问题。笔者在2003年和2006年先后两次在美国首都华盛顿附近的一个"新"城市（哥伦比亚）中居住过一段时间，也收集了一些资料，觉得很有参考价值。

这是一座有10万人口的小城市，位于首都华盛顿和沿海城市巴尔的摩之间。它的特点是完全由一家私人开发公司集资规划和建造。开发商的名字是 J. 拉乌斯。他根据这一地区人口将增加100万的预测，提出了一个建造一座新城的设想。在他想象中的新城市里，贫富阶层、各种肤色的人群能和睦共居。为此，他先不声张地在离华盛顿不远的马里兰州霍华德县购买了一批土地，然后正式启动，组织了三支专业队伍来平行地进行新城的规划。这三支队伍是社会规划组、实体规划组和经济规划组。其中社会规划组聘请与社会发展有关的各类专家，用座谈会的方式讨论新城发展的一些重要方针（例如：新城居民如何就近就业，各种年龄居民的教育方式，卫生服务，社区和邻里的规模及必要设施等）；实体规划组根据当地的自然条件，在城市商业中心周围规划设置9~10个"村镇"团组、3个公园以及产业带；经济规划组则在建设的每个阶段严格掌握开支，保证不出现亏损。这里的住宅有独家的、多户的、公寓式的多种类型，可供不同的社会阶层使用（最后定居的多数是中产阶级）。这个"新"城从20世纪60年代开始策划，历经10年左右的时间初步成型，现在（拉乌斯已去世）还在发展。据介绍，这个拥有10万人口的"新"城本身可提供5万就业机会，与华盛顿和巴尔的摩有公共交通相连，可在1小时内到达华盛顿市中心。"新"城的商业中心有一所较大的购物中心，也有美国著名的大型百货商店在此开设分店，各"村镇"有自己的学校、超市、文化馆和游泳馆等服务设施。除拥有大型水面的公园之外，整个"新城"就位于绿地和树木之中。这里虽然没有实现拉乌斯当年提出的贫富混居的设想，但是多种肤色居民和睦相处做到了，据说这里不同肤色居民的通婚比率在全国是比较高的。值得注意的是这个"新"城没有市政府，行政事务由一个"联合会"负责。

笔者在该地居住时间不长，也可能了解很不深刻，但是，从城镇建设来说，这座"新"城确实颇有特色。对笔者来说，印象最深的是它把社会规划放在首位。尽管拉乌斯没有做类似"社会影响评价"之类的分析，但是他从一开始就设立的社会规划组却对整个建设起了指导的作用。一个私人开发商能做到这点，确实是很不简单的。联系到我国有的开发商宣称自己只为富人盖房子并且追求暴利的情况，看来我们与人家的差距似乎不只是在技术方面。

4. 资源效益

在《特色取胜》一书中，笔者列举了中国"贫资源"的有关数据（数据来源的时间不同，但可以反映一般情况），其中主要有：

——人均土地为世界平均数的26％；

——人均耕地为世界平均数的42％；

——人均林地为世界平均数的12％；

——人均水资源为世界平均数的29％；

——人均石油可采储量为世界平均数的11.1％；

——人均天然气可采储量为世界平均数的4.3％；

——人均煤炭可采储量为世界平均数的55.4％。

与此同时：

——能源平均利用率为32％，比发达国家低近10个百分点；

——主要产品的单位能耗比世界平均水平高30％。

从这些数字可以看出中国资源问题的严峻性，而上述的经济、社会和环境效益却没有直接反映资源匮乏和利用情况，因此在三大效益之外，很有必要再加一项资源效益。

从理论上说，资源效益的指标控制应当比其他三大效益要简单一些。例如在建筑能耗方面，可以按不同地区、不同建筑类型提出单位能耗的控制数字。事实上，现在许多地区已经开始这样做。在这方面取得成果，对我们制定和开展全面的建设效益的控制和管理将是有利的。

（原中国建筑学会副理事长）

中国建筑理论的失落与呼唤复归

邹德侬

摆脱了极左意识形态桎梏的社会环境，给建筑创作和理论研究带来了自由：无政治干涉、无学术禁区，最大限度地开放了与外界交流的渠道。一个开放的环境，使得建筑创作和外国建筑理论的引进，得到了大面积的收获，许多有关国外建筑的重要著作和文献得以出版。我们不能不看到，计划经济向市场经济转型中，建筑设计市场上发生了最深刻的变化，这就是，国家作为业主和投资者的地位，正在或者已经让位于集团和个人，而集团和个人的利益，已经上升为市场上的主导利益。这样，在初成的建筑设计市场上，代表国家利益的国家意志，并没能得以有效的贯彻，例如对滥用土地、浪费资源、自然环境恶化、历史文化环境被破坏的管制等；代表建筑创作或设计专业水准的建筑师，在庞大的建设规模夹杂着泡沫式的建筑任务中，屈服于由集团和个人利益派生出来的不良商业建筑文化，在很多情况下使自己的工作失落了基本理论和基本目标，而建筑理论本身也失落了自己。

（1）建筑理论的非中国化倾向。一个时期，急于冲破几十年的对外封闭，建筑界的眼光几乎全都转向国外。此间，比较全面地补习了现代建筑运动的理论，也在国际建筑理论重构的纷乱中，引入了 C. 詹克斯的"后现代"建筑理论和"解构主义"理论以及被命名为种种风格流派的形式花样。由于引进国外多，中国原创少，在多数情况下，外国建筑理论占据中国建筑论坛。

《中国现代建筑史》书影

（2）建筑理论的非建筑化倾向。在引进的各色建筑理论中，最有代表性的是借助各类哲学和交叉学科的建筑理论。建筑师的工作注定需要哲学式的思考，与多学科的交叉。分析哲学、现象学、存在主义、精神分析学、哲学人类学、结构主义、后结构主义（解构主义）、哲学释意学……以及随着计算机技术的开发而发展出来的西方语言学等，以似通非通的语言，朦胧地徘徊在论坛上。西方现代艺术中的纯艺术和非艺术现象，也对中国建筑有看得见的纯建筑和非建筑影响。其结果是，把建筑理论异化为艰难而复杂的别类学科的命题，甚至是一些和建筑本质毫无关联的事情。

（3）建筑理论的非社会责任倾向。建筑永远负载着重要的社会责任：解决国计民生、促进社会进步、保持文化的先进性。过去我们曾经赋予建筑过重的社会责任，而且，社会责任政治化，意识形态理论取代专业理论，强烈的民族文化责任，甚至还有建筑方针代替建筑理论的事。市场经济的崛起，使得建筑方针政策逐渐模糊，创作环境"自由"了，导致建筑市场的各方因实现各自的经济利益而淡化了社会责任。但是，保持与国策一致，与建筑专业科学方向一致的建筑设计自律能力，永远是建筑工作者义不容辞的义务。如何在社会主义初级阶段的市场条件下，重建建筑理论的社会责任，是迫切的理论课题。

（4）引进理论——缺失基本理论。在引进外国建筑理论的过程中，发达国家的理论居多，来自发展中国家的理论少；先锋性建筑理论居多，而反映基本建筑理论发展状况、解决民生现实问题的理论以及建筑教育的基本理论为数甚少。一些引进理论的翻译语言，洋腔洋调、生涩莫名，不但使读者失去了阅读的兴趣，而且形成以语言的难懂表示理论艰深的不良学风。在国际建筑重构的纷乱中，引入被称为风格流派的种种理论片段和形式片段，没有抓住中国对于建筑理论的实际需求。

（5）探讨理论——缺失技术问题。在我们的论坛上，除了在20世纪80年代中期有对计算机辅助设计技术的讨论外，对技术问题的探讨十分少见，就连对工业建筑问题的讨论也不多见。屋盖结构类型单调，网架当家，缺乏研究高性能结构的热情，须知，新型的结构是建筑造型的基本途径之一。相反，用点儿发亮的材料，弄个网架之类的伪"高技"派，却能引起业主甚至建筑师自身的兴趣。科学技术，不论作为生产力还是建筑手段，对建筑创作的促进往往是决定性的。发达国家的一些建筑师，在建筑创作中利用科学技术手段，解决与建筑相关的可持续发展问题，同时也建立起新形象，促进建筑进步。外国建筑师的这些经验和理论，难以学到手。

（6）形式模仿导致创造能力退化。带有理论片段的建筑片段，形成一种既容易操作又有"理论"说辞的建筑局部形象，如"人看人"的中庭，"高技术"的架子，"象征隐喻"的符号等，加上KPF的帽沿、广场风和久吹不减的欧陆风，在建筑设计中形成低级、毫无创作可言的模仿现象。有些所谓"实验建筑"，也不过是模仿西方现代艺术中最容易操作的一些"行为"或"装置"，并非"创造"。这类艺术现象，不研究文化环境，不研究来龙去脉，"吃了馊饭还以为是佳肴"。

（7）社会要求提高建筑文化水准。住房改革和商品化，一下子把建筑设计和环境设计质量变成了老百姓积极关注的切身利益。可是，社会建筑文化水准的普遍低下，阻碍了先进文化的形成：开发商充满商业噱头、不着边际的广告，某些媒体对感兴趣的某些建筑若明若暗的推崇，特别是新兴业主和主管官员对建筑设计进行不良的业外指导，阻隔了先进生产力催生先进建筑文化的路途。社会急需提高建筑文化水准，客观上需要建筑理论的社会普及，包括业主和长官在内。如何让建筑理论走出象牙之塔，服务社会，建设先进的建筑文化，也是建筑理论的新任务。

中国当前的建筑设计市场和环境，呼唤基本建筑理论的复归。

（天津大学建筑学院教授）

尊重与期待

——写在当代中国建筑设计百家名师和名院隆重揭晓之际

徐宗威

当代中国建筑设计百家名师和百家名院国际宣传推介活动，经过启动、申报、推荐、评议、公示、公告几个阶段的繁忙工作，结果终于揭晓了。我对获此称号的当代中国建筑设计名师和名院表示衷心的祝贺和崇高的敬意。获得这样殊荣的当代中国建筑设计名师和名院是众望所归，实至名归，更是期望所在。获得这样的殊荣，是中国建筑学界对他们辛勤工作和光荣成绩的肯定和褒奖。获得这样的殊荣源于和仰仗于中国改革开放的伟大时代，是这个伟大的时代为他们造就了巨大的建筑舞台。这次活动是中国建筑学会贯彻中央十七届六中全会精神的重要举措，对提高中国建筑学人的文化自觉和文化自信，对促进中国建筑文化的发展和繁荣都将具有重大意义和深远影响。在这个时候，我想起组织这个活动的初衷和目的。

第一，对中国的建筑师和设计团队表达崇高的敬意

改革开放 30 年，中国的城乡建设取得了巨大成绩，城乡面貌发生了翻天覆地的变化。这其中，中国的建筑师和设计团队付出了辛勤和不懈的努力。今天，结构最复杂的建筑在中国、跨度最大的建筑在中国、最集中的高层和超高层建筑还是在中国。改革开放 30 年，中国平均每年的建筑施工面积在 20 亿平方米以上，那么多新的房子、那么多新的街区、那么多新的城市拔地而起，中国是世界上最大的建筑国家，也是最大的建筑市场。但是中国的建筑师名不见经传，盖了那么多的房子，没有几栋建筑铭刻着他们的名字。感动中国节目已经办了很多年，但那么多感动国人的人物中没有建筑师。拍了那么多的电影、电视片，有反映市长、反映县长的，有反映工人、反映农民的，但是很少有反映建筑师的。中国的建筑师和设计团队为中国改革开放 30 年城乡建设的贡献，是关键的，是重大的。组织这

个活动，就是要站直身子向中国建筑师敬礼，向他们表示崇高的敬意。

第二，对中国的建筑师和设计团队表达应有的尊重

我是到学会工作以后才知道，世界上很多国家的人们从小学就开始学习建筑知识。社会公众对作为社会、技术和艺术综合体的建筑有相当的认知，知道生病了要找医生，听医生的话，盖房子要找建筑师，听建筑师的话。但是，我们的小学和中学是不设建筑知识课程的，进了大学只有读建筑的才懂建筑专业。这使得不少国人缺乏对建筑的认知，特别是对现代建筑的认知，不了解什么是一个好的建筑，反而觉得玻璃房子、体量高大的房子、形式夸张的房子、过分装饰的房子才是好建筑。源于中国五千年悠久历史文化特别是建筑文化的影响，很多中国人在经济困难时期、在文革时期都自己盖过小房子，似乎都觉得自己可以做建筑师，都可以对建筑方案品头论足。如此，中国建筑师的智慧和创作受到约束和影响，表现在建筑上，在功能、形式、细节上都留下很多缺陷和遗憾。而这些缺陷和遗憾，最终会表现为对以人为本原则的怠慢、对资源的负担、对环境的破坏。

美国有位建筑师叫伦佐·皮亚诺，也像王澍先生一样是普利兹克奖获得者。记者问他有没有做过中国的建筑设计，他回答没有。这并不是没有机会，而是他不能做。有中国人找到他在美国的工作室，请他做公共建筑设计，但是要求三个月拿出设计方案来，他说这不可能，因为没有一两年的调查研究是不可能做出一个好的方案的。中国人又讲，方案可以不要了，画一张草图也行，回去配上施工图就可以把房子盖起来。皮亚诺很吃惊，继续说他不会这样画草图，坚持说建筑设计一定是从对当地文化和功能需要的深入调查开始的。这个事情反映出这几个中国人不懂建筑，甚至是对建筑创作缺乏应有的尊重。这样的事情在国内不胜枚举。组织这个活动，就是要给中国的建筑师更多的尊重，尊重他们的劳动、尊重他们的创作、尊重他们的艺术感受，把对建筑师的误解变成理解，把对建筑师的苛求变为帮助，努力提高中国建筑师的社会影响和社会地位。

第三，对中国的建筑师和设计团队表达热切的期待

中国建筑文化博大精深、灿烂辉煌，曾经对亚洲乃至世界产生深远影响，在全世界独树一帜。但是今天，在经济全球化的驱动下，在世界文化趋同的形势下，中国建筑文化还能不能得到传承，能不能得到弘扬，能不能得到繁荣和发展，

2012 年中国建筑学会年会（摄影 / 陈鹤）

是当代中国建筑师需要认真研究和解决的问题，也是贯彻中央关于发展和繁荣中国社会主义文化的重要任务。中国的建筑师和设计团队使命光荣，任重道远。中国改革开放 30 年，城乡建设成就巨大。由于速度快，经验少，在城乡建设中存在着追求形式、文化缺失、千城一面等问题。特别是，虽然我们建了那么多的新房子，有如此巨大的建设量，但没有形成中国当代的主流建筑形式和风格。一些地方盲目追捧和效仿 " 高大奇异 "、" 追求形式 " 之风，甚至误以为这就是当代中国建筑文化发展的必然和方向。这不仅是个遗憾，也反映出我们在建筑创作和建筑实践中缺乏文化自觉和文化自信。

中国正在走向伟大复兴，中央已经为我们铺就了文化强国的道路，期待当代中国百家名师和百家名院高举发展繁荣中国建筑文化的旗帜，坚持改革和开放，坚持传承与创新，热烈响应人民大会堂发展和繁荣中国建筑文化座谈会向学界和社会发出的倡议，深入开展中国建筑创作方向的大讨论，为探索中国特色建筑理论，为开拓中国特色建筑实践道路，为打造具有时代特征的中国特色建筑形式和风格，为建筑我们的和谐家园，做出不负时代和人民期待的伟大贡献。

当代中国的名师和名院，向你们致敬！

你们的创作就是中国建筑的范例，你们的追求就是中国建筑的方向。

（中国建筑学会副理事长兼秘书长）

建筑评论标准反映时代特质

庄惟敏

作为一名建筑师，我始终认为：

——评论是创作发展的必要因素，没有建筑评论就没有建筑创作的发展；

——评论标准是建筑实现社会价值和美学认同的准绳；

——评论的标准是时代特质的反映。

一、当代建筑美学标准的拓延

建筑美学可算是建筑学体系中一个老资格的分支。从建筑十书、模式语言、形式美的原则到我们今天建筑学的教科书，古典的比例、尺度、色彩等美学原则一直左右着我们老一辈和新一代建筑师对建筑的评判标准，至今它也仍是我们许多专家在对国优、省优和部优建筑进行评判时不可不提的关键点。以往如若某位专家或口头或撰文，以连篇累牍的美学原则来评价一幢建筑是如何如何美或如何如何丑时，只要他的美学原则引用得无误，众同僚大约都会颔首称是一致曰正确。可是在传统建筑学被拓展、建筑师被更广博的知识和技术所武装、人类要求在改造生存环境的过程中站得更高看得更远的今天，一定会有不止一位建筑师站出来大声提出异议：我们以前一直公认为美的建筑，放在人居环境这样一个大范围中，从资源评价、景观评价、生态环境分析、无废无污绿色建筑等方面来评判，它还能是一个优秀的建筑吗？传统建筑美学的原则是否应当更新？或许现在或将来某一天我们回过头来用发展了的美学原则再来检验我们当初的结论会得到一个完全相反的结果。

这不是耸人听闻，更不是哗众取宠，因为就在我们建筑师们仍不舍得抛弃旧的观念、不情愿接受新的观念的同时，我们的近邻经济地理学家们、人口学家们和生态学家们已经开始做着本应属于我们建筑师的研究工作。他们运用 GIS 系统、资源评价系统、生态分析等对我们一些建筑师来讲还很陌生的理论和方法，切切实实地对人居环境进行了全新的研究和评价，使建筑学的内涵得以扩大，使建筑学的研究方法得以更新。他们的成果是显著的，是有说服力的，是科学而进步的，我们没有理由不赞成他们。当然最关键的是我们没有理由不修正我们的思想，不去跟上时代的步伐。

二、从传统美学到生态美学

随着自然环境危机对人类的警示，传统建筑设计及评判标准在面临人类越来越高的生活质量要求和复杂的生态问题时其局限性就显现出来。面对当今建筑这样一个超越形式与功能的复杂系统，传统建筑设计及评判标准由于缺乏对环境、生态和与建筑相关的自然的深刻认识，使得我们建成的建筑及城市环境对外部系统大自然未能有良好的作用，因而其生态效益由于环境污染等问题而微乎其微。

从生态出发的建筑设计不同于传统的建筑设计，是将建筑视为一个人工生态系统，一个自组织、自调节的开放系统，是一个有人参与、受人控制的主动系统。其侧重研究的并不是单纯的形式问题，而是建筑系统的能量传递和运动机理，其目标是多元的。建筑，凝结了建筑师的情感。在传统（自然）美学中，它强调形式与功能的结合，注重体量、色彩、比例、尺度、材料和质感等视觉审美要素及空间给人的心理感受。具有代表性且为世人所传诵的作品皆出自大师之手，因为它们独具各自的风格，美妙的构图、精致的比例、完美的空间组合无不给人美的感官享受。显而易见，这种偏重审美的评判取向均是以人为衡量的标尺的，它为了人类而美。然而，实际上建筑并非只为人而美，它包含着自身的价值。汉斯·萨克塞指出："物体的美是其自身价值的一个标志，当然这是我们判断给予它的。但是，美不仅仅是主观的事物，它比人的存在更早。"[1]在自然中，众多生命与其生存环境所表现出来的协同关系与和谐形式就是一种自然的生态美。"空气、水、植物在生命维持的循环中相互协调，这本身就是美，并创造着美。"[2]建筑师的创作是一种人工环境的创造，如果我们不否认当代建筑设计的最高目标应该是创造出可持续发展的人工生态系统的话，那么在建筑这一人类的基本生存环境中，我们也完全能够在遵循生态规律和美的创造法则的前提下，借助于建筑师的生态观念、高超的科学技术和结构手段，进行加工和改造，创造出具有生态美学标准的人居环境。

如若从生态美学的角度去研究建筑审美的标准，那么生态美学的三个特征（或称原则）应是建筑评判的尺度。

---

[1][2] 佘正荣：《生态智慧论》，北京，中国社会科学出版社，1996。

生态美学的第一特征——生命力。生态美是以生命过程的持续流动来维持的，良好的生态系统遵循物质循环和能量守恒定律，具有生命持续存在的条件。如果这一生命持续存在的条件不具备或是被破坏，诸如因建筑的营造造成了景观的破坏、环境的污染、能源的巨额耗费等，那么这一建筑显然是没有生命力甚至是具有破坏力的，也就根本谈不上美了。

生态美学的第二特征——和谐。人工与自然的互惠共生，使人工系统的功能需要与生态系统特性各有所得，相得益彰，浑然一体，这就造就了人工和生态景观的和谐美。对建筑而言，和谐不尽指的是视觉上的融洽，而更应包括物尽其用、地尽其力、持续发展。

生态美学的第三特征——健康。建筑最终是服务于人类的，在争取到自然与和谐的前提下，创造出使人生理、心理、现实、未来的需求得以满足且具有健康特质的建筑应是当代建筑师设计的一个原则。"一个能使人类天性得到充分表现的环境，是进化的环境。"①

三、功能美——建筑美学的第一评判标准

无论传统美学也好生态美学也好，建筑被设计和建造出来是要为社会所用的。无论是功能性很强的交通建筑、观演建筑、医疗建筑、旅馆建筑等，还是观赏性很强的纪念性建筑等，其功能和实用性应是建筑的第一属性。剖析建筑创作大概可以分为两大部分，其一是对使用功能的满足，它要求建筑可以提供人们在其中进行特定活动的场所。所谓功能的满足就是我们通常所说的，交通建筑要处理好人车流线，不相互交叉，便捷顺畅；居住建筑要私密安静，静动分开；观演建筑要有良好的视觉和听闻效果，并满足表演的要求；等等。其二，是在满足功能要求基础之上的建筑艺术的创作，也就是通常所说的造型、色彩、比例、尺度，亦即要把这个满足功能使用的场所做得漂亮而有品位。这两方面在建筑界早已有精辟的概括，就是所谓功能（function）和形式（form）的关系问题。

关于功能和形式问题的讨论由来已久，不同历史时期有不同的争论焦点。但无论我们怎样辩论，怎样大发感慨，"建筑是要被使用的"这一最朴素和简单的道理，是我们无论什么时候都不得不接受的。建筑离开了功能就失去了它的实用价值，不具有实用性的建筑充其量也就是个模型。

建筑师的创作在某些方面类同于艺术家的创作。他将自身的知识、经验和艺术

---

① 佘正荣：《生态智慧论》，北京，中国社会科学出版社，1996。

修养融于其建筑设计中，创造出既有美学内涵又有使用价值的建筑作品。作品中凝聚着建筑师的智慧和心血，它的确是一种艺术的创作。但我们必须承认这种创作不完全等同于艺术家的创作。雕塑家、画家的创作可以完全是他们个人情感、好恶的反映和宣泄，其作品可以只表达作者个人的情绪，甚至可将大众审美意识搁置一旁，自顾自大发创作激情。但建筑师却万万不能如此潇洒和奔放，因为建筑既是建筑师的作品更是建筑师的产品。所谓产品其生产出来是为消费者所使用的，产品一定要为社会所接受和承认。所以，无论什么时代，什么潮流，建筑设计满足功能使用要求始终应是建筑评论标准的第一原则。

四、民族性与地方性——建筑美学的精神标准

建筑作为人类为自己的生存和生活而创造的环境，是维系人类生活而相对地存在于不同文化中的。正是这些人文因素构成了特定民族和地区建筑的文化特征，从而使建筑表现出鲜明的民族性和地方性。

从世界文化的角度考察，随着现代科学技术的迅猛发展，国家、民族、地区之间在许多方面的差异正在缩小，一种所谓"世界文化"正在全球意识的支配下逐渐形成，各民族、各地区的建筑技术、建筑功能和建筑审美心理也有如麦卡卢汉所描述的"全球村"的倾向。但现实和发展都告诉我们，建筑创作一方面需要在广泛的世界性横向联系中建立现代建筑的观念和视野，同时又需要自觉、深入地寻求和发掘富有特色的民族、地方文脉。只有这样，才能将时代精神和民族精神融合起来，只有这样民族、地方传统才有无穷的生命力，也只有这样，建筑的创作才能体现出真正的美的精神。

事实上，建筑的民族性与地方性远远超越了其作为建筑某种特征的意义，它已成为建筑文化及建筑评论的一个固有的维度。如果说，以人的生理机能为依据的建筑尺度是建筑设计和评论中重要而明显的制约因素的话，那么，建筑的民族性和地方性便是建筑创作和评论的一个同样重要的尺度。尽管这一尺度是隐含的，但它与我们生存其间的整体环境的确是直接相关的。

五、和谐共生——建筑审美的最高境界

首规委一年一度在北京举办首都建筑设计成果汇报展，展出期间评选出当年度"十佳建筑"。但当评优过后，细细品味和研究那些获奖作品时，会发现其中有些建筑和设计尽管造型、比例、尺度和色彩雕琢得尽善尽美，但把它们放到

环境中去，其与环境的结合是那么令人失望，不是标新立异与环境格格不入就是摆出以自我为中心的架势。如若再深入研究更会发现在平面布局上有将锅炉房面向周围居民区、大片的镜面玻璃幕墙明晃晃地反射向一侧小学校、为追求立面效果东西向大开玻璃幕墙使能源消耗大大超出规范要求、一味追求造型破坏自然的采光和通风的例子，如此等等实在令人不敢苟同。

如果有心翻看一下近来国外获奖作品，会发现其评选的标准似乎与我们大相径庭。有些获奖作品外观、造型极其普通甚至算不上美，但其对环境的分析与理解以及利用环境、改善环境、融入环境中去、与自然合而为一却研究得那么透彻。其中利用自然的光、自然的通风、自然的景观，节能、储能的设计构想以及由此衍生出来的全新的建筑形制之巧妙令人赞叹。特别是国外建筑师对环境、自然、能源及人居环境可持续发展的认识和积极投入其中的热情着实令人钦佩。

显然，在当今潮流中优秀建筑的标准已绝不是单纯的造型上的好看与难看的问题了。

没有对环境的分析与理解，没有可持续发展的意识，如此创造出来的建筑充其量只能是一个仅代表建筑师个人情感和意愿的作品。不可否认，时代的发展要求我们必须对建筑评论提出适应时代发展的全新的标准。

建筑不仅仅是建筑师个人的作品，它更是社会的产品。它既是建筑师个人思想、情感和修养的反映，更要得到社会的承认。社会的意识、为人类服务的意识是当代建筑师的基本素质。尊重自然、可持续发展是时代赋予建筑师的历史使命，克服个人主义，拓展知识面以适应时代的发展是当代建筑师的首要任务。

寻求建筑创作中建筑与自然的和谐共生，以平常而客观的心态来研究环境，研究社会，研究建筑和人的活动，以达到建筑审美的最高境，应是我们当代建筑师和建筑评论家的追求。

随着中国一步步坚实地步入国际现代建筑舞台，中国的建筑创作水平将愈来愈受到全球的关注。中国建筑师已不再陶醉于老祖宗古建筑的诗情画意，而更希望在现代建筑创作领域中独树一帜。现代建筑评论作为建筑发展的必需，其宏观指导与导向性至关重要，另一方面它也反映建筑创作的前沿性和水平。

（国际建协理事、全国工程勘察设计大师、清华大学建设设计研究院院长）

建筑评论之缺失

孟建民

中国缺乏建筑评论，尤其缺乏有理据、有思辨的建筑评论，这已成为业内同行的一种共识。在许多学术场合，我们经常听到各种对"建筑评论"的呼吁与倡导，尽管如此，但仍成效不大，我们的社会乃至业内仍处于"建筑评论"之"饥渴状态"。

当然，在我国建筑"大跃进"繁闹中并不缺乏各种"建筑杂论"，之所以称之为"杂论"，是对其论之肤浅，之业余，之偏激的贬称，这样的评论常让人们误入歧途歧见，在此氛围中虽偶有评论佳作，但却不成大气候。

当今建筑评论常见弊端可列为三：

其一为"捧"；
其二是"打"；
其三是"三七开"。

"捧"是思想的鸦片，听上去很舒服，但对"身体"有害，特别是缺乏理据令人肉麻的"吹捧"，害处更大，明明是"丑陋"的说成是"美观"的，明明是弊端说成是优点，明明是浪费说成是节约，犹如睁眼说瞎话，既误人也误己。虽然"和谐"了，但被夸的人听了也不一定真舒服。

"打"不知是水平问题，还是心态扭曲，对评判对象情绪化、发泄式痛批一通，这种评论犹如某人神经性发作，在静静的阅览室中猛然立身，大喊大叫，其吸引众人注目之意达到了，但却令人觉得怪异而偏执，被同行所蔑视。

"三七开"式的评论，这种评论面上评得周全，有"捧"有"打"，不偏不倚，中庸客观，但却如"三好"评语，八股气息。更有甚者，有的评论"捧"捧得不是地方，"打"打得不中要害。

按此一说，当今评论不就成了左右不是？实则不然，评论的关键在于立场客观，有理有据，追问思辨，环环相扣，层层递进，深入浅出，结论明确，此才乃建筑评论之真意。

为什么建筑界缺乏好的建筑评论，就己陋见认为，一是讲实惠，说的不如干的，在忙不完设计项目的今天，你说你的，我干我的，难以形成理论氛围，二是讲面子，建筑圈子就这么大，有影响者往往交流颇密，一团和气，何必相互说长论短。三是没底气，一些转行为建筑评论人的人非专业出身，一般议议还可，往深了说却顾虑太多。

在中国建筑"大跃进"的时代背景下，盛行"不争论，先干再说"的社会风气，听起来很实干，但于长远发展很不利。我认为建筑评论的目的在于建构学术标尺以及打造社会大众对建筑的审美基础，不评不论，不争不议，长期下去会使学界认识混沌，社会审美迷茫盲从。虽然评论者的观点难免带有主观性，有时评的结果也并不完全定出对错，但真正的建筑评论确实必要，有价值有深度的建筑评论是对建筑真善美的追问，是对建筑问题分析认识的思辨与交锋。

对同一建筑或事物，普通大众观点可分褒贬两方，而学者之间亦分褒贬两派。虽都有褒贬，但认识的高度、深度与广度完全不是一回事。好的建筑评论就是有思想高度与深度的思辨展示，并可引导大众审美之发展与品位之提升。

或许中国建筑评论之缺失乃我国建筑业发展的必经过程，随着建筑发展的放缓，建筑实践的累积，人们的认识水平在提升，评论需求在增长，真正意义上的建筑评论时代正悄悄到来，今天《建筑评论》的创刊就是最好的预示与标志。

（全国工程勘察设计大师、深圳市建筑设计研究总院总建筑师）

城市中的建筑

洪再生

这是一个个性张扬的时代，建筑常常会成为体现张扬个性的载体，承载着城市管理者的梦想。特别是所谓的城市与区域中的地标性建筑和新区（新城）的建筑群，都是唯恐其不够高，不够大，不够张扬，而不计后果，因此，与建筑的本源渐行渐远。

其实，建筑是离不开城市的，而城市是有层级的，我们的许多城市管理者正在忽略这种层级的概念，这也是造成时人诟病的"千城一面"的一大要因。在快速的借鉴与学习中，不考虑城市的规模与层级，所以，小县城直接模仿大城市，小城市直接学习大省会。以大为美，以高为美，以张扬为美，这种忽略自身特质与差异性的"东施效颦"，直接导致了城市景观的雷同与贫乏。

如何建立不同层级的城市空间秩序？其一就是尊重城市的自身特质，研究自身特色，在城市规模、地域文化等的差异性上做文章。扬己之长，克己之短，这种设计自然会与环境呼应，自然会与城市的已有风貌相协调，这样才不会忸怩作态，也会在体量、尺度，包括法度上与城市空间秩序一脉相承。其二是懂得量体裁衣，往高上论，也是与"定制"这一时尚同步，就是根据自身的需要，自身的可能性，寻找最适合自己城市的建筑，不搞浮夸，不盲目攀比，不去做大大超出现在需要与财力的华而不实的建筑，包括不去从城市"好看"的角度让企业埋单而把建筑做高做大。大多数企业都是颇为务实的，是追求利益最大化的，如果让企业为城市管理者的"面子好看"埋单的话，那城市的纳税人一定会为此付出比这更大的代价。

"合适的才是最好的"，同样适合城市的建筑才是最好的，据说，有关方面曾援建非洲某国一个四万人的体育场，竣工已久却无法交付，因对方的城市只有三十万人，他们不愿接手这一日后运行注定困难重重的"大建筑"。

如果说上述两点是对城市管理者的期许的话，作为建筑师、规划师，我们应当如何看待"城市中的建筑"？

有许多建筑师是颇有社会责任感和历史责任感的，曾有人提出建筑师和规划师"应当敢于向权力诉说真理"，我们觉得，在这个具有多重价值观的社会里，需要建筑师、规划师既要"敢于"，同时还要"善于"向权力诉说真理。因为"沟通"是一种技艺，也是一种能力。我们在对单位里的青年建筑师进行培训时，曾提出让大家学会四种能力，就是要学会交流，学会合作，学会表达，学会感恩。况且，有时候能够对非专业但对建筑颇为热衷的某些城市管理者的想法进行断章取义，并加以必要的修正，可能会避免更大的损失。曾在北京参与过内蒙某个新城的城市设计论证会，按当地最高领导的要求，新城的建筑都是高层的，而且都必须是 150 米高，最后我们提出平均为 150 米高，这样可根据不同的功能对建筑高度进行调整，形成有变化的天际线。

如果我们不是只看重设计所产生的经济价值，那样我们就不会背离我们的职业道德去做大而不当的建筑，去做与城市的文化与精神格格不入的所谓的欧风建筑，去做掺杂了很多城市管理者的意愿而使建筑师不敢称之为自己设计的建筑。对于建筑师、规划师而言，懂得"习学观世，承古抱今"颇为重要，所谓"习学观世"，就是要不断地学习，同时要不断了解社会，所谓"承古抱今"，就是要有继承传统的意识，同时又有紧密贴近当今时代的自觉，倘若如此，我们就会在设计中融入很多的思考，做出很多的努力，成为有思想的设计师，而我们的设计最终也能成为有思想的建筑。

概括地说，"城市中的建筑"就是要让建筑回归到特定的城市和特定的城市生活之中，与城市相融合，与城市共同成长，它应当是城市历史中的年轮，这种回归会使建筑不再盲目地追求高、追求大、追求张扬，那时候，我们的建筑就不再是风风火火的"急就章"，而是平和的、有韵味的、意境隽永的诗篇。

（天津大学建筑设计规划研究总院院长、总规划师）

建筑设计方法变革的技术哲学思考

胡 越

"建筑按照传统设计、参数化设计和算法建筑的顺序，依据人机互动的程度渐进。传统设计建筑师用经验说话，参数化设计用计算机辅助来实现设计、施工的数字化，算法建筑利用建筑师的想法、数学和计算机这三个强大的内核之间的互动，得出人脑无法预知的结果，引领设计进入理想王国。"这是一段引自网络的有关算法建筑的论述。近几年设计方法正在发生着令人瞩目的变化，参数化设计和算法建筑正在成为建筑设计方法的新宠。

在欧洲近代文明的发展过程中，理性发挥了很大的作用。算法建筑的思想来源就是理性主义。早在上个世纪 20 年代柯布西耶在《走向新建筑》一书中就曾指出："在用逻辑分析和严谨的研究确定了共同需要，并用理性方法相应地满足这些共同需要之后，将产生崭新的建筑形式。这种形式可能乍看上去有些怪。""换言之，柯布认为理性分析将产生统计上鲜见的建筑外表。"上个世纪 60 年代现代设计法运动的初期也有很多学者提出过类似的设计方法。亚历山大在 1963 年出版的《形式合成笔记》中提出了他的系统设计法，他对设计问题进行了抽象的分解，进而建立起模型并产生出抽象的图示，然后将图示再转化成设计。在这个过程中亚历山大采用了图论、集合论等数学方法。但亚历山大的精妙的设计方法在实践中并不成功。上个世纪 70 年代以后系统设计法就在建筑界消声匿迹了。我认为算法建筑在方法论层面上与五十年前的系统设计法是相通的，与九十年前柯布的设想更是如出一辙。同样，五十年前数学模型和算法程序等机械手法不能解决的复杂的设计问题，今天也未必能解决。

"炫技"也许是人的一种天性。古人建造许多伟大的建筑其实是一种"炫"，这些建筑集中体现了当时人们的技术能力。建造造型复杂的建筑实际上与古人造金字塔在本质上没有什么区别。目前参数化设计的主要功能是帮助人们设计造型复杂的建筑，属于计算机辅助设计。然而当它发展成为算法建筑时，事情有了一些本质的变化。

算法建筑与以往的设计方法相比有一个最显著的特点，就是机器和人的关系发生了本质的变化，虽然这个变化还不明显。这就是在建筑设计的核心工作中，技术或者说机器部分地取代了人。也许建筑师正在为找到产生新形式的方法而感到欢欣鼓舞，但它所表现出的人与机器的关系的转变的确令人担忧。如果说算法建筑是一种时尚，而时尚建筑更偏重于艺术表现，则在那些纯艺术领域，用机器代替人进行创作还比较罕见。现代建筑的发展过程中充满着英雄主义和大师崇拜，不管这个现象是否合理，至少注重创意和对人的智慧的崇尚始终与它相生相伴。但是当技术取代了人后，作为人的创造能力表达的重要载——设计的基本意义将发生动摇，到那时人该怎么办？

技术悲观主义是哲学的一个流派，它的最通俗化的表现就是那些好莱坞科幻恐怖片。人被机器或者说技术的产物奴役是这类电影最普遍的主题。

那么算法建筑真的值得担心么？我们所信赖的技术有那么可怕么？在这里我想抛开具体的设计问题，从技术和人的关系入手谈一谈我的看法。

技术已经渗透到社会生活的各个方面，现代人类在没有技术的情况下将如何存在是难以想象的。

技术哲学作为一门独立的学科，大约肇始于上个世纪 60 年代，而在此之前，马克思、卡普、海德格尔等前辈大师对技术在人类社会中的地位、作用都有过深刻的论述。在技术哲学领域出现了众多的思想家，他们对技术的论述各式各样，用美国哲学家芬贝格的观点来看，这些纷繁的理论归结起来不外乎两种。

一种是技术的工具理论，他们认为"技术是用来服务于使用者的'工具'"。技术被认为是中性的，没有自身的价值内涵。

芬贝格认为另一理论是实体理论，"实体理论认为技术构成了一种新的文化体系，这种新的文化体系将整个社会世界重新构造成一种控制对象"。正像埃吕尔认为的那样："不管社会的政治意识形态是什么，'技术现象'已经变成自主的了。"实体理论反驳了工具理论对技术的中立性的观点，认为技术负载着价值。

正如斯塔迪梅尔所说："……脱离了它的人类背景，技术就不可能得到完整意义上的理解。人类社会并不是一个装着文化上中性的人造物的包裹，那些设计、接受和维持技术的人的价值与世界观，聪明与愚蠢，倾向与既得利益必将体现在技术的身上。"

不论是工具理论还是实体理论，对待技术采取什么样的观点，都应该面临一个基本的定义，即什么是技术。

1. 技术与人类的关系

1.1 技术的定义

从各种对技术的定义来看，根据其看待问题的出发点，可以粗略地分成下面几种方式：

① 从技术与人的关系出发；

② 从技术与生产、经济的关系出发；

③ 从技术与社会的关系出发；

④ 把技术当做一个认识论的问题；

⑤ 从哲学与形而上学的层面出发。

技术是人的创造发明，因此我更乐于接受哲学人类学关于技术的观点，这些观点将技术直接和人的身体联系在一起，卡普的技术的体外器官理论认为器具是人的体外器官，它们是人的自然器官的模仿与延伸。如衣服是体外的皮肤，是皮肤在体外的延伸。盖伦则进一步认为技术是客观化了的人类器官，并提出了技术的三种形式：

① 增加与延伸人类已有技能与能力的强化技术；

② 使人类能够完成一些以前靠天然器官配备所不能完成的操作的代替技术；

③ 减少能量与解放器官的省力技术。

虽然卡普和盖伦都把技术和人的器官进行了紧密的联系，并为正确理解技术的真正意义开辟了一条道路，但是正如所有的人文主义学者一样，他们仍然把技术当做人之外的客体来看待。

在这里我们还遇到了一个语言学的问题，我认为必须首先予以澄清。技术一词往往包含了工艺学的基本含义，同时还有技术实践、技术制品、技术手段等含义。

我认为技术实际上可以分为两类，一类是技术制品，另一类是制造或使用技术制品所需要的各种思想、技术手段、规则等。技术的实施必须有这两类的共同参与，而其最终的表现就是技术制品。任何没有技术制品的技术实施过程都是不可能的。因此技术制品就成为技术的最重要的组成部分，而技术的目标就是技术制品，因此在本文中我所指的技术就是技术制品。

按照哲学人类学的观点，我引申出一个观点，技术应该是人的一部分，而不仅仅是人的体外器官或是器官的延伸，技术是人类发展进化过程中超越自然进化过程的一种表现，我想用下面几个设想来支持我的上述观点。

1.2 进化论

在达尔文的《物种起源》出版之前，拉马克在其《动物哲学》中就提出了进化的观点。他的主要观点是：

① 生物物种是可变的，所有现有的物种，包括人类都是从其他物种变化、衍生而来的；

② 生物本身有由低级向高级连续发展的内在趋势；

③ 环境变化是物种变化的原因，并把动物进化的原因总结为"用进废退"和"获得性遗传"两个原则。

达尔文在布丰和拉马克的进化论观点的基础上发展了自己的进化论学说，其理论的核心是自然选择。达尔文把在自然界里适合于环境条件的生物被保留下来，不适合的被淘汰的过程叫做"自然选择"。

随着现代遗传学的发展，对达尔文的自然选择理论进行了修正和深化，发展成现代综合进化论。进化论告诉我们，人是从低级动物进化来的，任何一个物种的结构和形态必须适应其生存的环境。

进化是在多次"试错"的过程中发展而来的。但是当生物进化为人类以后，由于人有了思想和意识，于是产生了超越。这一超越，使得我们的生物体本身不必具备适应环境的某些特定内容就可以在其间生存，因此我们可以说人的出现打乱了自然进化的进程。

如果人没有能力干涉自然进化的进程，那么人要具有某种适应环境的生理特点，如飞翔或在水中进行洲际旅行，可能会需几百万年甚至上千万年的进化，但现代的人只用了很短的时间就借助技术实现了这个能力。

让我们把眼光放得更远一些，我们就会发现，思想意识使人们超越了自然进化的过程，实现了自然进化无法实现或很难实现的目标。因此我们可以认为技术是人类"超级进化"的产物。

技术的发展，如同生物物种的进化一样是从简单向复杂，从低级向高级发展的，例如人类在石器时代，只能把石材制作成简单、粗陋的工具，而在现代，人们可以制造非常复杂和精密的机械完成复杂的工作。工具的进化有着显著的积累效应，而其进化的动力是基于人不断探索、不断发展的特性。这一特性从总体上说是单方向的，如同自然进化的方向。

从现在人类已经掌握的知识来看，宇宙的演变是从基本粒子发展为简单的分子，然后发展成复杂的分子，而后通过环境条件的介入合成有机分子，再生成有机大分子进而进化为简单的生命。这一演变进程同样是一个由简单到复杂的变化过程，同时它还是一个从无机物向有机物发展的过程。

同样在人的智慧的干预下，作为超级进化产物的技术以现在的科学进行预测，技术的发展应该是从无机物向有机物的发展。而我们目前的技术还处于无机物阶段，也许在相当长的时间内技术会处于此阶段。而那些科幻电影和文学作品中的半机器半人类（传统），乃至全部由人工制造的"全有机体"可以使技术进化到同大自然进化完全相同的结果，到那时我们应该重新认识人性和人的本质。

技术的工具性和价值负载一直是技术哲学的主要争论点，但如果将技术放在进化的视野中，我们就会看到技术的工具性和价值负载是技术表现的两个方面。当技术处于不同的复杂程度，则其两个特性的表现就出现此消彼长的态势。而这一态势，往往会造成人们对技术的误判，因此我们需要一个全面看待技术的观点。当一个技术制品比较简单时它表现出更多的工具性，而其比较复杂时则表现出较多的价值负载。

1.3 意识与技术

意识问题始终是哲学主要关注的问题，在人类早期，人们就把意识看做是一种独特的、寓于人的肉体之中并可以脱离肉体而存在的灵魂的活动。柏拉图认为灵魂在进入肉体之前，曾居于理念世界，具有理念的知识。中世纪经院哲学认为灵魂是一种单纯的精神实体，灵魂是不死的，可以脱离肉体而存在。古代唯物主义者强调意识对物质的依赖，往往把意识或者灵魂说成是某种物质。古希腊的德谟克利特认为灵魂是由精细的原子构成的。在近代众多的哲学家从物质与意识的关系的角度，对意识做出定义，并探究意识的来源和属性，得出了不同的结论，如笛卡儿提出意识与物质相互独立的二元论。巴克莱主张"存在就是被感知"，把意识作为世界的本质。霍布斯洛克等则认为意识是物质的产物。狄德罗、拉美特里则明确指出意识是人脑的机能和属性。德国古典唯心主义哲学家提出并以思维的形式阐发了意识的能动性的问题。费尔巴哈则不仅提出人脑是意识的生理基础，而且还初步涉及意识的社会根源问题。马克思在批判地继承前人认识成果的基础上对意识做出了辩证唯物主义的诠释。辩证唯物主义认为意识是人脑的机能和属性，是社会的人对客观存在的主观映像。本人不想在这里讨论这些深奥的哲学问题，但从历史上对于意识的态度看，不论是唯心主义还是唯物主义，均认为意识是一种不同人身体的其他部位和现实世界的一种特殊的东西。它源于身体又超越了身体，从某种意义上讲，技术也是一种源于身体又超越身体的东西，当然技术与意识还是有明显差别的。然而在哲学的讨论中并没有人将意识作为人的对立面，那么我认为技术也不应该被放在人之外去讨论。如果我们将技术作为人的一部分，作为人类超级进化的结果，那么我们就有希望重新讨论技术哲学的话题。

1.4 大统一理论的启示

大统一理论是许多物理学家的梦想，该理论试图用同一组方程式描述全部粒子和四种基本相互作用力的物理性质。是否存在这样一个理论，物理学界一直在争论，但在过去的近 200 年历史中，在试图统一物理学家对物质世界的描述方面已经取得了相当的成就。19 世纪中叶，电和磁还被看成是两种独立的事物，但詹姆斯·麦克斯韦研究证明它们实际上是现在叫做电磁现象的同一种基本相互作用的两个方面，可以用同一组方程式加以描述，到 20 世纪中叶前，这一描述又被改进到包括了量子力学效应，并以量子电动力学形式成为物理学家提出过的最成功的理论之一。

上个世纪 60 年代，物理学家找到了一种数学理论，将量子电动力学和弱相互作用结合到同一个数学模式中，这种理论被称为弱电理论，接着物理学家又试图将粒子维系在原子核中的强核相互作用包括进来，并将这一理论称为量子色动力学。

最后物理学家希望找到一种将引力包括在内的"终极"理论——大统一理论。在探索和发现大统一理论的过程中，物理学家向我们清晰地传达了一个信息，理论正在从简单向全面发展，从电动力学到量子电动力学，量子色动力学到大统一理论。我们正在试图说明一个道理，即理论似乎在进行层级的递进，后一种理论包括以前的理论并解释了新的现象，而最后我们将发现一个完整的体系。在不同的发展阶段，可以用不同的理论加以解释，而不同阶段的理论存在层级上的差别，"低一级"的理论可以很好解释它们描述的现象，但要解释"更高一级"的现象，则必须用上一层的理论。这一点也非常符合人类认识自然和自身的进程。在这里我想回到关于"超级进化"的问题上去，自有技术以来，人类社会经历了几次飞跃，特别是工业革命以后，人类社会也在从低一级向高一级跃进，这时我们应该变化一种观点去看事物，如果我们还停留在过去，用过去的人文观点去看待现在的情况，那么必然会无法解释现在的现象，并产生错误的判断。我想必须接受人性在进化的观点，并且应该意识到经过长期进化的累积效应，必然会使人的含义发生质的变化，所以动态的、开放的人性是有必要的，技术是人的一部分，目前的技术是人类超级进化初级的产物，它有很多不完善的地方，这一观点也是站得住脚的。

2. 技术与人类未来

2.1 技术乐观主义和技术悲观主义

人们站在不同的立场上，会对技术持有迥然不同的看法，技术乐观主义认为"技术是克服自然强加在人类身上的限制的关键，并引领人类走向美好的未来，技术可能带来问题，但技术的更进一步发展将解决这些问题"。

技术乐观主义可以上溯到远古时代，亚里士多德就曾确信技术会使人类生活变得更加美好，但是，作为一种社会思潮，技术乐观主义直到19世纪才得以形成，就思想和学术渊源而言，技术乐观主义可以追溯至认识论乐观主义。历史步入近代以后，接踵而至的文艺复兴、宗教改革和启蒙运动共同构建了新的观念结构。其中文艺复兴提倡科学、人权和人性；宗教改革反对垄断文化教育的罗马天主教会，追求思想和社会的双重解放。启蒙运动鞭挞愚昧无知，用平等和自由否定教权、主权等特权。在这样的背景下，崇尚知识和理性的思想家应运而生，培根、霍布斯、笛卡儿以及莱布尼茨是典型代表。

人类进入20世纪以后，特别二战以后，由于无节制的发展而造成的盲目与失控，使技术的负面效应日益凸显。这时，异议和挑战的声音开始由弱变强，形成一股与技术乐观主义相抗衡的力量即技术悲观主义。技术悲观主义认为技术的意义与影响是负面的。技术破坏自然环境，摧毁人类自由，腐蚀社会秩序，技术已经成为一个恶魔。

早在近代初期，对技术的异议和挑战就时有出现，卢梭认为技术的发展压抑、泯灭了人性。19世纪以来，工业技术的成就对整个社会产生了巨大而深远的影响，"技术统治思维"上升为一种占统治地位的世界观，技术—财富—欲望—新技术成为人类生活基本逻辑和社会价值的基本形式。技术的自律、自制力量以不可阻挡之势摧垮人类在社会中的自主地位，它横扫自然、社会和精神领域，使国家、民主、大众臣服于技术，听命于技术。"技术发展逐渐朝向剥夺人的自由的全面技术官僚化和技术综合体"发展。

技术乐观主义思潮大部分出现在工业革命以后，那时技术产生了突飞猛进的发展，人们被技术所取得的成就和威力所折服，对技术充满信心。而技术悲观主义大多出现在上个世纪，技术出现了问题，从而使人们开始思考技术的社会问题。大部分具有人文思想的哲学家均对技术持悲观主义的态度。不论是技术乐观主义还是技术悲观主义，它们的出现均取决于技术实施后的结果，事实上这两种观点分别强调了一个问题的两个不同的方面。我们可以看到创造技术的前提是为了使人过得更好，然而当技术从简单向复杂进化时，技术慢慢出现了"失控"的局面，技术的未来和发展似乎超出了人的预想。然而如此种种均建立在人与技术的对立面上，均源自人、人性与物之间的矛盾。其实将技术作为超级进化的一部分，我们便可以看到，正像我们通过自然进化的器官一样，它们的设计和成果也同样有利与弊两个方面。其结果也同样限制了人的某些自由，因此我们不必夸大技术的益处或弊端。

2.2 自然进化和人类超级进化的利和弊

在这里我们仅以人通过自然进化而来的器官和人类超级进化的产物技术制品为例来进行讨论。通过现代生物学的研究发现，通过自然进化的器官并不像过去我们所了解的那样完美，有些地方还有许多缺陷。例如人的口部和咽部起着双重作用，既用于摄食又用于呼吸，而事实上呼吸系统和消化系统是没有必要发生关联的，但正由于这样的关联，使得婴儿在进食时被呛死的情况时有发生。再例如直立行走是人类区别于其他动物的一个最显著的特点，它使人的骨骼发生变化，同时促进了大脑的进化，然而直立行走导致的骨盆变化，却给人类的生育分娩带来了巨大的麻烦。实际上其他动物在生育时基本上没有遇到人类难产这样的麻烦，而在现代医学发达之前，生育给母婴带来的危险是相当大的。这种危险从某种程度上看一点都不比技术给人类带来的危险小，但是人们并没有因此怀疑直立行走的进步性，更没有人试图回到爬行的时代。

在技术的发展初期它对人类和环境似乎是友好的，当技术变得越来越复杂，对人类进步起的作用越来越大时，其给人类带来的问题也变得越来越明显，但是这个人类"超级进化的产物"同自然进化的人的器官有很多相似之处。

为了进一步说清楚这个问题，让我们来看一下控制技术设计的因素和技术出现问题的原因。

（1）控制技术设计的因素：

① 人类的愿望（意识）；

② 人类已掌握的知识；

③ 大自然的限制和可能性；

④ 人类社会资源和当时技术条件的限制。

（2）控制大自然设计的因素：

① 进化的要求；

② 大自然的限制和可能性。

关于进化的原因，涉及到另一个深刻的命题，不在我们的讨论的范围内。这里只强调一个现象即物种总是从低级向高级进化的。正如热力学第二定律和时间的不可逆一样，关于大自然的限制和可能性可以理解为下面几个方面：

① 我们的宇宙的自然规律和物质构成；

② 我们的世界给物种提供的物质条件和限制；

③ 我们的世界给进化提供的环境和时间。

（3）技术出现问题的原因：

① 人类的（愿望）意志；

正如技术的产生源于人的愿望；技术的问题也源于人的愿望，人有意识，而意识可以使人高尚，也可以使人无耻。强烈的欲望可以使人们去设计那些灭绝人性的技术，如原子弹。

② 人类掌握的知识极其有限，而技术的创造是以人类获得的科学知识为基础的，由于我们的知识的缺少，使我们丧失了对事物发展的判断，人很多时候没有能力去预测一个技术的后果。例如在蒸汽机时代，人们被机器带给人的益处所征服，根本没有认识到资源的有限和机器所带来的污染对环境有什么影响；

③ 人类社会的资源和当时技术条件的限制。

许多技术在设计之初，完全可以构想出一个更好的方案，但由于受到资金、时间和技术水平的限制，人们必须退而求其次。

（4）自然进化出现问题的原因：

这个问题很难说得清楚，但换一个角度可以用一句话来概括，即进化的需要。正是由于不完善和不适应才导致了进化。这里让我们再拿人类分娩做一个推断，如果没有智慧，不能实现"超级进化"，那么经过漫长的进化过程很可能具有我们这样的骨盆的人种会慢慢灭绝，而骨盆构造更合理的人种会存活下去，然而正是人类的智慧使我们有了技术，实现了超级进化，跨越了自然进化的鸿沟，使我们得以顺利地成长。

2.3 技术与人类的未来

通过上面的分析，我们可以看到不论是自然进化还是超级进化，我们所面临的问题的核心是发展的需要，换句话来说就是我们自身和技术都很不完善，自然进化带有很大的盲目性，它必须经过极其漫长的过程，经过无数的试错才得以进步和发展，才能够达到相对的完善。虽然技术的产生是由于意识的产生，但我们可以部分地预测到未来，尽量避免盲目性。但是以我们现有的知识水平，与大自然及通过自然进化的人类本身相比是那么的微不足道。因此可以这样说，超级进化同样是盲目的，需要进行长时间的多次试错，才能逐渐完善。在传统哲学所论述的范围内人们主要将技术的危害集中归结为下面几个问题：

① 技术扭曲和践踏了传统的人性；

② 技术可能破坏我们生存的环境；

③ 技术可能导致人类的灭亡。

那么根据"超级进化"的设想，人类既然为思想和意识的这种超越感到自豪，那么就应该接受思想和意识带给人的"超级进化"给传统人性带来的超越，也就是说我们应该接受人性的变化，这样也就不存在技术扭曲和践踏人性的现象了。

由于进化过程之中的不完善，技术给人类带来的诸多问题是必然的，也是可以克服的。

上个世纪的大部分时间里我们一直认为现代人类是在世界各地从不同种的古人类进化发展而来的。亚洲地区曾一度被认为是人类的摇篮，但随着生物技术的进步和考古发掘，我们认识到，现在生活在世界各地的不同种族的人都有同一个祖先——来自非洲的现代人，而过去人们很熟悉的"元谋人"、"北京猿人"、"尼安德特人"都在进化的过程中夭折了。进化的过程是一个淘汰的过程，如果我们的技术使我们人类灭亡，我们只能把这些看成是进化过程中的正常事件，技术与人类的未来向什么方向发展，命运似乎不掌握在我们手里。

上面的论述似乎与建筑方法的变革相去很远，然而我想说的是，也许对建筑师来说算法建筑是一个令人鼓舞的进步，但从技术哲学的角度来看，它是一个危险的先兆。怎么看待这个问题取决于我们怎么看待技术与人，怎么看待人性。承认人性是可变的以及用进化的观点讨论哲学问题对一些人来说无疑是洪水猛兽，人性是可变的观点并不容易被我们接受，但它很可能就是我们的未来。

（全国工程勘察设计大师、北京市建筑设计研究院总建筑师）

参考文献：

1. http://cul.qidian.com/#Show.aspx?mid=20&rid=122118.
2. G. 勃罗德彭特. 建筑设计与人文科学，张韦，译. 北京：中国建筑工业出版社.
3. 安德路·芬贝格. 技术批判理论. 韩连庆，曹观法，译. 北京：北京大学出版社.
4. 高亮华. 人文主义视野中的技术. 北京：中国社会科学出版社.
5. 南京大学地球科学数字博物馆，近代自然与进化论.
6. 约翰·格利亚宾. 大宇宙百科全书. 海口：海南出版社.
7. 徐奉臻. 梳理与反思：技术乐观主义思潮. 学术交流，2000(6).
8. 高亮华. 清华大学技术哲学课程讲义.

建筑设计整体创造的理念与原则

杨 瑛

1. 尊重建筑设计知识的多元性与包容性

人是一种历史的存在，每个人不可能从根本意义上超越他所处的时代来对人的文化事件做出理解；每个人乃至每一代人都不可能理解一切文化现象，不可能洞察对象世界的一切，他们只能认知和理解他们所能够且应该认知与理解的事物。相对于人类自身及对象世界的深度和广度，人的认识和理解永远是不完备的，需要在实践中不断地反思、更新和完善。

与之相应，建筑学与建筑设计学既不可能从单一的知识领域来认识和理解，也不可能从一种具体的形式设计和探讨中穷尽全部真理，任何单一知识或某一种具体的形式操作都不可能解决建筑学与建筑设计学的全部问题。因此，不同的知识体系、不同的理解角度和不同的操作方式或策略必然是多元化和相互包容的。学科门类、体系、专业或对同一问题的不同认知与理解都可以相辅相成，共生共享。这样，一是各种知识与理论可以共同解决交叉问题，形成新的边缘学科，二是某种知识和理论的局限性往往可以成为新的知识理论产生的直接诱因。各种知识理论在共存和对话中，才能印证和反思自身理论的不足，并成为超越和更新自身知识的新起点。

多元共存，"和而不同"。建筑设计学应以多元的视野吸收和包容各种学科的合理性成果，从广义角度认知、理解和发现事物的真理与本质，使之在创造中具有更大的理性自由和思想活力。

2. 坚持建筑设计知识的开放性与演进性

建筑师面对当代人类与文化实践以及日新月异的知识发展，应当自觉地反思自身，反思建筑设计知识作为实践工具和时间目标的合理性与合法性，努力探寻新的知识之道，超越固有模式，超越习惯、情景、禁忌的束缚，开启新的知识重建的方法与策略。

首先，向历史开放。建筑师与建筑设计应以时代精神去反思既有的文化传统和知识成果，重新审视和发现历史文化中蕴藏的新意义和新价值，去寻求具有永恒意义的形式和空间类型，发现和掌握其形态演变和生成的规律。祛除既有理论与经验的束缚，直观地参照历史文化，回到历史与文明本身，用时代感直视历史，用历史的眼光洞察时代，在强调建筑师主观重要性的同时又不放弃普遍性意义与要求。从对历史的理解中解放出传统文化的潜在能力，从而在对历史传统的回归中探求现实的文化价值与意义，以开辟知识的新传统。

其次，向现实开放。现实生活贴近日常生活世界，是获得建筑设计知识与理论的力量源泉。建筑设计既要服务于大众生活和现实的各种领域，又要与生活保持一定距离，保持对现实独立的批判与反思力，既源于生活又高于生活。诚如马克思所强调的，辩证思维在其"合理形式"之上，就是"在对现存事物的肯定理解中同时包含对现存事物的否定理解"。现存的一切并非都是现实的本质，当代建筑师应该站在时代的高度，超越狭隘的功利主义和世俗化的束缚，保持批判与反思的意识和追求真理的勇气。这样，才能从丰富而充满魅力的现实事物中发现永恒的价值，将建筑设计推进到一个更高领域。

再次，向未来开放。建筑设计应以先进的科学技术、材料、设备等作为工具与手段，以为人类未来发展提供一种价值参照为目标，去开创和开拓具有前瞻性的设计知识领域和真实作品。

因此，建筑设计学的生命力就在于对当代文化与现实生活世界的不断发展、不断理解和不断超越，就在于自觉地用未来的眼光去反思和调整人们对世界的理解和要求，并进一步通过对现实知识与理论的升华，超越已有的或扬弃陈旧的理解模式，重建新的理解与创作策略，促使建筑设计向更具有生命力和真理性的方向演进。

3. 关注建筑设计知识的人文性与可持续性

当代建筑学与建筑设计学的发展凸显了现代人与自然、社会、文化的矛盾，人居环境问题及其未来的发展问题已经成为建筑学科思考的重心，这昭示着建筑设计学知识建构的重要转变。

其一，从立足于探求人们如何"理想生活"的功能主义和实用主义，转向如何使人"诗意地安居"，着意探寻人与自然、环境、科技和社会等的和谐关系，由单纯的自然生态观走向追求自然、经济、社会、文化等诸方面相符合的互动生态观。人居环境的可持续发展从环境科学领域扩展到经济学、社会学以及人文科学领域，人居环境不仅要尊重自然环境更要尊重人，要关注空间环境的人性化和个性化发展。

其二，从立足于自然科学基础，注重科学技术、结构、材料、设备等合理性与合理化逻辑，转向以整个人类文化与知识为基础，侧重关注人的生活逻辑、生活类型、人居意义与价值、人的内在生命诉求、人性化空间以及场地精神等，即关注以可理解的人文尺度为标志的人文精神及其可持续发展。

其三，在方法上，从关注建筑设计"是什么"的知识性和理论性陈述，转向侧重关注建筑设计"应当怎样"和"期望怎样"的策略方式；即从具有强制性或权威性的知识理论体系，转向以自在自为的、关注个性意识的自由独立的创作方式为主导，以可持续性意识为本的综合而多元的知识体系。

因此，这种新的人文视角必将为当代建筑学与建筑设计学的知识与理论建构奠定深厚的人文生活基础和可持续发展的理论基础。

4. 强调建筑设计知识的中介性与实践性

人作为建筑实践或者说建筑设计知识实践的主体，成为分析和解决建筑思维理念与建筑实践以及人与自然矛盾的最关键因素，因此，建筑师和建筑设计知识应超越传统理性的主客二元对立的思维。

其一，强调作为设计主体的人的行为、体验、知觉、感悟等活动的中介作用和实践性。任何参与者对建筑设计问题的思考、领悟、理解及实践，都为具体的建筑设计提供了一种价值参照与实践经验。

其二，强调建筑设计的语言符号的中介作用。这使得建筑设计知识的交流、沟通和理解成为可能，才可能在某种形式意义上达成共识，才具有实践的意义。

其三，强调建筑设计的形式和价值意义的中介与时间作用。每个人的生活经历和受教育的程度不同，其理解形式与意义的能力就不同，而这种理解就是一种现实存在与实践方式。传统文化、日常生活、习惯、规范、禁忌、权利等都直接影响建筑师和参与者的理解力、想象力和创造力，并直接影响其创作的实践活动中的每一个过程。

只有将建筑设计知识作为一种中介意识来认同时，才能平等交流，共同揭示这一复杂文化载体的真理性。也只有通过实践才使其具有现实意义进而检验其真理性。

5. 保持建筑设计知识的承传性与批判性

任何知识与理论的片面性或局限性都有可能给人类的建筑行为造成严重后果。因此，承传一种知识与文化的整体意识和批判意识，对 21 世纪建筑的发展以及知识理论本身的发展都有十分重要的意义。

从研究对象上看，建筑设计学是建立在以文化为整体的基础之上的，其考察、审视、了解、掌握和涵盖的是整个人类文化，需要承传全部有价值的人类文化。文化的承传性概念也就凸显出建筑设计知识理论的整体性要求。建筑设计知识理论体系是依靠对整体文化的承传与批判过程才拥有个性的。唯有在整体性的文化观照中，才能让每一个具体的建筑设计显示出知识理论和文化的承传与批判的魅力。

从现实发展的角度看，只有以建筑设计知识理论的承传性与批判性为基础，才有利于准确地把握文化的整体发展和价值取向，并由此加深对建筑设计学的理解；只有知识理论和文化共存共生，相融互补，将不同的文化现象交织在一起，才能有效地导引建筑设计学向更深更广的领域发展。

另外，从历史性角度看，建筑设计知识成长的过程是一个吐故纳新、新陈代谢的过程，它需要不断地批判反思、整合重建，才能形成较为完整的知识体系，也只有不断地批判反思，才能使建筑设计创作具有旺盛的生命力。

总之，只有将知识重建当做一个反思性的历程来把握，才具有文化上的整体性和独特的个性意义与价值。对于建筑设计学而言，这一批判反思的历程表现为：

人文主义与自然主义的整合历程——重建人居环境新景象；

理性主义与非理性主义的整合历程——重建科技与诗性创造的新图示；

个体主义与整体主义的整合历程——重建建筑与城市的新秩序；

地域文化与现代文明的整合历程——重建地方性与全球化的新统一。

（湖南省建筑设计研究院总建筑师）

从建筑师的角度谈城市营造

邬晓明

作为建筑师，我们为生在这样一个时代而感到欣喜。相比国外同行，我们有更多展现自己才华的机会，我们手里一个建筑项目的面积可能都超过国外一个设计师一辈子做的。但同时我们也面临压力，每个平方米所能使用的时间可能还不到国外同行的 1/10。我们与美国一个做别墅非常顶尖的公司讨论，他们做一栋三四百平方米的别墅所需要花的时间大约为 1 000 小时，我们这里能给设计师 100 小时已经是非常好的了。

当今的中国，开发商拿到地以后都非常急，因为他投入了非常多的资金，像大的项目资金可能达到上百亿，我们曾经接手过 60 多亿的项目，开发商告诉我们一天的利息就是两辆奔驰汽车，所以在这样的压力下留给设计师的时间非常少，因为这样就变成资金成本和时间成本。

建筑师在城市营造过程中面临的若干困惑与选择如下。

第一个问题，专业化问题。作为专业设计师始终要面临这个问题，到底做全才还是专才？因为我们在和国外公司打交道的过程中发现，他们是分工很明确的，所以专业越来越细分，设计师面临着是做全才还是专才的问题。境外的设计师一般是选择做专才，在一两个领域里做专，甚至会投入相当多的精力进行学术研究，并进行指导设计。由于历史的原因，国内大多数设计公司还是延续了国有大院的策略，选择了大而全的发展方向，而随着行业的发展，也有一批企业在大平台下成立了部分专业的事业部，开始朝做专做精的方向努力。但是专业化的模式还处于探索阶段，"专业化"与"业务量"之间的矛盾统一，目前还未能得到最完美的解决。

第二个问题，绿色建筑。众所周知，绿色建筑将是未来建筑发展的主流趋势之一，中国目前的城市化进程的装置还是最原始的，无论是从原材料的生产过程还是建造过程，或者是使用过程来看，问题都很多。

第三个问题，设计规范的问题。我们现在好多设计规范都是制定于改革开放初期，即使近年有一些更新的版本，但思路和框架还不能摆脱过去的影子。随着时代的进步、科技的发展、理念的更新，我们时常会感觉到这些规范在设计过程中有抵触，现在有些开发商会利用规范的空当，打一些擦边球。

第四个问题，设计价值与价值之间的矛盾。近年来随着市场环境的变化，开发商的成本控制越来越严。用于设计的必要投入，更多被开发商看做是一种可削减至最小程度的经营成本，而不是高投入带来高产出的战略性投资。优质设计可以带来的更高商业利益以及为企业形象等长远战略目标所贡献的高附加值，仍然只为少数开发企业所认同。"优质优价"理念不被广泛接受的直接后果，只能是大部分设计企业被迫为了生存而进行压价竞争，这种社会环境下，出现好设计的概率自然也就不高。作为一家有理想、有追求的设计企业，我们深深地为同行们以及我们自身受这个大环境限制，而不能为城市营造提供更出色的设计而遗憾。从城市营造的角度来说，我们需要更优秀的设计。在此，我们也向开发商，向政府部门，向所有有关的社会机构呼吁，优秀设计是一种宝贵的资源，为了城市有更好的明天，今天我们需要向设计及设计者投以更多的关注与关爱。

第五个问题，好的城市营造。好的城市营造需要高完成度；城市营造既不是停留在纸面上，也不是停留在电脑的硬盘里，而是需要一砖一瓦、切切实实建造出来，而最终的完成度决定了城市营造的最终水平和高度。但是无论行业的大环境还是目前整个社会的大环境，对高完成度的重视程度都不够，在严酷的生存竞争环境下，我们的设计单位很容易在面临到底是将有限的时间与人力资源投入下一个项目的设计，还是将手头设计的完成度提升至更高水平这一两难选择的时候将天平倾向于前者。而开发商以及政府主管部门也在面临类似选择时做出了不利于作品高完成度的选择。

（绿城建筑设计有限公司总经理）

芝加哥来信：关于艺术或设计的基础

四月底，清华大学美术学院派出了由何洁教授带队的设计基础考察小组到美国，小组一行六人，都是从事基础教学和对基础教学素有研究的骨干教师，行程也十分紧凑，计划走访麻省艺术学院(Massachusetts College of Art)、罗德岛设计学院(Rhode Island School of Design)、纽约视觉艺术学院(School of Visual Arts)、帕森斯设计学院(Parsons the New School for Design)、芝加哥艺术学院(School of the Art Institute of Chicago)等，我在美国有地利之便，于是遵命参与其事，从波士顿开始，到纽约、芝加哥，一路行来，听介绍、座谈，实地观摩工房，听课，与小组同事白天考察晚上讨论，常常一时兴起似乎已有所获，而到了另一学院遇见不同的方式和经验后，又怀疑前者的收获而再加以否定，问题最后逼近一个："什么是设计基础？"

回想20世纪50年代开始，中国的工艺美术教育的基础说是"图案"，不会有人反对，但"图案"的定义颇为复杂，不说日本原创此词的本义，单看当时几位图案大家的观点，例如雷圭元先生、陈之佛先生，他们的图案学体系就不尽相同。其实，就说雷圭元的图案学思想，从他的《新图案学》到《中国图案作法初探》，也包含了从西方体系图案学到本土图案学的过程，应该说，雷圭元一生的贡献，当以建立了中国体系的图案学理论为最重要，可惜的是，他的体系没有被很好地传承下来。到了"文革"结束，全国公益美术设计教育基础剩下的只是所谓的"写生变化"和一些颇为机械的几方连续之类的图案训练，雷先生建立在对中国传统文化深刻认识基础上的与中国思想和图像文脉有血肉关联的图案体系，无人能够继承。于是乎，顺理成章，以现代工业文明为背景的设计训练方法——三大构成，就潜移默化地成为八九十年代的设计基础。

但有见识的中国设计界总觉得不满意，试图改变的呼声也一再出现，然而局部的改良并没有真正解决问题。近十年来，中外设计交流日益频繁，我们的教师出门一看，欧美学生的造型基础远不如中国学生，但是，他们的设计却是妙趣横生，充满创意。这是何故？最后归结为基础教育，认为我们的基础教育"太实"、"太死"了，局限了学生的创造力。当文化创意产业对"创意"人才的呼声日益迫切，当大众对"中国制造"日益不满，希望随着经济的发展最终建立"中国创造"的设计体系，设计界对教育的反思也到了紧迫的临界点，这也是清华大学美术学院派出基础考察团的最直接的动机。

但是，西方的设计教育的基础又已经有了变化，包豪斯早被他们认为已经过时。考察的五个学院，虽然各有特色，各有侧重，例如芝加哥艺术学院传统上重纯艺术，这几年加快发展设计；在纽约的两所学院（纽约视觉艺术学院、帕森斯设计学院）则较为商业化；波士顿的麻省艺术学院是州立的艺术学院，一直主张大众理想教育，因而最注重实践；而罗德岛设计学院则以老大自居，自成体系，不受他人干扰，安于在 Providence 这个风景如画的小城发展自己的设计体系。但是，万变不离其宗，他们的设计基础可以归结为独立的、以观念为前提的、"心手相应"的教育体系。何谓"独立的"？即基础教育的教育思想实施是独立的，这一点很重要，在中国，基础教育的行政单位独立设置，并不能保证教育思想的独立实施，曾几何时，各学院纷纷成立基础部，但又在各专业系以种种不适的理由的反对下，逐渐消解，大家心里都明白，基础教育绝不是一种为进入"专业"学习的"服务"，而是有独立思想的艺术启蒙，但就是说时容易做时难。何谓"以观念为前提"？那就是当中国的大多数艺术院校还执著地认为基础教育一定要重视"技巧"训练的时候，西方设计教育的主要思路已经视"观念"为最重要，而"技巧"只是实现想法的一种手段而已。"观念"的范围极其宽泛，有传统人文哲学的、当代文化的、艺术史和艺术思想的、当代科技发展的，即便是素描、色彩等，也先讲它"为何如此"的"观念"，因此，观念问题直接关联当代艺术的"本质"，它强调的是"思想"，因为当代社会的知识体系变了。对"心手相应"如何看？在于"基础"不再局限在"二维"、"三维"，这些院校都相当重视"工作坊"的使用和利用，一年级的学生不但在木工坊、金工坊、陶艺坊、摄影坊等之间自由来回走动，还有相当多的时间解决"信息和图像处理"，这是由当代科技中电子技术和网络技术的发展决定的，对于任何一个年轻人来说，这已是一个不可回避的"基础"了。这些动手的课程，与"专业"学习当然有区别，它不是深入的，而是原理性的学习，它需要明确的仍然是一种"观念"或"概念"。

原来的技巧学习并没有消失，而是融合在类似"视觉表达"、"形体研究"这样的课程之中，它与原来的单纯的技巧训练不同的是，它往往有一个"观念"的目标，引导学生如何运用不同的技巧去表现，这种技巧的选择是"自发"性的，而不是教师强加的。

但是，在有了以上这些认识以后，更大的分歧还在后头，那就是这些学院的基础教育，一年级的时候，纯艺术专业和设计专业是不分的，也就是说，没有所谓的设计基础，也没有所谓的美术基础，只有"艺术（Art）基础"。

第八天，来到了芝加哥。

这是我时隔六年再来芝加哥，清楚地记得那次访问时对这座国际著名的建筑之城的美好印象，整洁高耸的玻璃幕墙大楼高耸在蓝天白云之间，具有浓郁装饰艺术运动色彩的水泥建筑间杂在高楼之中，是一种高雅有文脉的"现代"。1871年那场大火后的重建使芝加哥成为现代建筑探索的试验场，也因此成为包豪斯主要成员来到美国后最初的发祥地，不管后来如何，密斯·凡·德罗的简洁风格为功能主义建筑留下了好名声。但是，这次芝加哥给我的印象变了。我们的旅行车从机场直接到芝加哥艺术学院，沿着蔚蓝的密歇根湖右转到著名的千禧年剧场，抬头望去芝加哥的天际线一派高楼林立，钢筋水泥玻璃幕墙的森林像怪物，有美丽的湖水和绿地衬托，又有波士顿那样一个充满英格兰风情城市的对比，我本能地开始抗拒芝加哥的建筑风景，我知道这种抗拒是非理性的，完全是个人的经验，但我想，这也许是我认识"艺术基础"的契机，因为当代艺术是一种广泛的综合，它所呈现的是生活而不是艺术或者是设计，再也不会有芝加哥了，而摩天大楼也不会是未来唯一的选择，后现代的多样性的本质就是"民主"，而设计于人应该更多地是一种"自由"的关系的处理。这也许是"芝加哥学派"留给我们的新的财富吧。因此，我将这篇文章起名为《芝加哥来信》。

（清华大学美术学院教授）

学习、拆解、创造

——三把椅子与一部"设计史"

许　平

2010 年，在做设计产业政策需求的调查时，我遇见过三把挺有意思的椅子。

第一把，是在广东中山的一个家具生产商的展厅里看到的。不用说，这是丹麦设计师阿恩·雅格本森（Jacobsen Ame）上世纪五十年代末设计的那把著名的"蛋形椅"。材料、形态、配件完全都与我们从图片中所能看到的一样，只不过它是模仿生产的。如今仿造品就放在展厅里，已经不投入市场了。据说曾经在中国市场销售过，市场收益还不错。这家工厂的老板是一位自学家具设计出身的年轻人，后来又到新加坡学过企业经营与管理，他的工厂从仿造名牌产品起家，曾经专门模仿欧洲市场的高档家具成熟产品，用自己的技术生产，然后投入市场。但是显然目前的市场已经不允许用这种方式继续生产，而他也在几年前开始自己设计，几经周折很难有所突破，于是开始求救于院校。一开始，他对于院校的设计力量是不屑的，他的教训是院校设计不按企业的节奏进行，但是在遇见了广州美院、清华美院的几位老师之后改变了态度，而且以一种中国企业家中罕见的大度，给以充分的时间与资金保证，要求只有一个，就是设计出完全具有自己知识产权的、可以进入国际市场的中国椅子。现在，在他的展厅里，已经有了完全由企业自己设计、自己投产的中国椅子。当听说他的椅子在一个外资企业那里亮相，企业老板当即退掉了原来订的英国进口椅而定下了他的中

第一顺序 egg chair

国办公椅时，他与院校的设计师签下了第二份长期合作的协议。

第二把椅子是在 2008 年的中国创新设计红星奖的评选中遇见的，名为"顺椅"，是一款造型别致，结构巧妙的产品，一根在三维空间中自由变化、首尾相贯的线条组成椅子的框架，无论从哪个角度看都有雕塑一般的造型效果，让人联想起汉字的笔划但又不像任何一个汉字，椅背被缩至最小但恰好能托起腰部，坐上去也很舒适。椅子的整体效果相当不错，质感、结构及使用的功能都能让人感受到设计者的机巧与功力，后来这把椅子被评了奖。在做产业调查时才知道它是广州一位年轻设计师的设计，并且仍然与来自北京高校的几位热心的家具设计者有关。不过我更感兴趣的是设计感的来源，根据设计者的说明，设计的原型来自于中国文化，从椅子别具心裁的形态来看，确实在模仿某种意念或原型，但我仍然认为那种审美的味道是很"现代"，或者说是很"西方"、很"欧洲"的。第三把椅子是在浙江温州的一家品牌家具厂看到的，名为"细竹"。是一把造型颇似明式家具，但又用了当下时尚家具中常见的皮革椅面材料。设计者是一位活跃于中国家具界、同时也开始进军欧洲家具市场的本土设计师，年轻时做过木工、石工、钳工、会计，也狂热地崇拜西方艺术及设计，曾自费赴澳大利亚学习建筑及室内设计；回国后即开始中式家具的设计与研制。目前他的家具产品已经打入欧洲市场，2009 年初他以"四百年前的中国家具"为题的一组"细竹"椅在德国科隆家具展隆重推出，一经亮相即惊动四座，引得一向鄙薄中国家具原创能力的德国同行惊诧不已。"细竹"椅椅腿使用的是金属材料，但由于使用了特殊的工艺处理，外观呈木质，且比明式家具的木腿更为纤细挺拔，平添一种精密制造的感觉，所以称为"细竹家具"。它的造型感觉来自明式家具的简洁含蓄，又比明式家具多了一层现代感，但这种现代感却完全没有模仿欧洲的味道，是透彻的东方气质。

第二顺序 顺椅

第三把椅子在我看来，除了风格各异、各具形态之外，好像还讲了一段中国企业的"设计史"。毫无疑问，这段"史"是从学习和模仿开始的。中国企业的模仿生产，早已为世人诟病，尤其欧美日本各国，总是会拿"中国制造"中的缺乏"原创"敲打中国。道理上是没错的，但现实却不那么简单。事实上世界上没有一个厂家喜欢背着一顶"模仿"或"抄袭"的帽子,但市场的规律却并不由人。企业如人一样,是需要成长的,但这个世界并没有设计出为这种成长的代价"埋单"的制度,企业只好如旧时店铺里的小学徒一样"偷学",等学来的本事足够了,小学徒就可以理直气壮地上柜。当年的美国学习欧洲,后来的日本学习欧美,再后来的台湾、韩国学习日本,路径何其相似,唯独今天都不愿意以同样的道理理解中国。其实,这仅是一个谁掌握先机、谁笑到最后的关系而已。有道是,"英雄不问来路",这句话其实是勉励后来居上的有志者的。

有人总结中国企业学习先进设计的三个阶段:"学习、拆解、创造",我认为不无道理。就像这三把椅子讲述的一段中国企业"设计史"一样。其实谁都明白,中国真正意义上的产品设计,是与出口贸易紧密结合在一起的,在这个过程中,中国企业经过一段非常严酷的发展过程。起初由于出口产品多数为国外消费者服务,企业只能通过彻底地学习西方生活方式与设计样式获得生产权,然后以通过这种形式掌握的能力打开国内的市场,这就是中国企业生产的那把"蛋形椅"告诉我们的现实。但这条路不会长久,于是到"第二把"椅子出现时,中国企业已不满足于只模仿而不创造,于是开始用西方的"风格"创造自己的"语言",虽然这已经是创造,但却是一种模仿的创造,因为它的风格与标准仍然是在模仿别人的;而"第三把"椅子则告诉我们,中国企业已经开始创造自己的"标准",这是真正意义上的创造,它表明,最时尚的现代家具风格中,不仅可以有美洲风情、欧洲古典和地中海的浪漫,还可以有不一样的中国"明式"风雅。中国设计师可以把金属与皮革同置于端庄古雅的明式家具,甚至把庄子"内直而外曲"的人生哲学移于中式圈椅之中。虽然这样的作品未必人人都会喜欢,虽然中国企业中这样的例子尚不算多,但它实实在在地告诉我们,中国企业走向自主创造的时代,已经开始了。

毫无疑问,现代设计的竞争中,一些先进国家占了先机,发展中国家必须经过一段学习与追赶的过程,事实上许多后发展国家都经历过学习与模仿,更有一些国家在经历了这些之后同样成为设计先进国。只要不是抱着狭隘和阴暗的心理,这种关系是能够看清楚的。问题的复杂性在于,关于"创新"主导权的竞争还卷入了国际政治因素,于是市场规则同样可能成为国际打压的另一种形式,这就迫使后来者的学习过程必然付出更沉重的代价。如果说,在国际市场尚未被完全"全球化"之前简单的仿造还有可能的话,那么在国际市场被高度整合的今天,不仅这种空间几乎已不再存在,而且市场的利润会更加明显地流向具有自主创新能力的一方,这就迫使众多只能从事简单生产的企业必须尽快缩短向自主研发企业转化的过程。

从这个意义上讲，三把椅子的"设计史"也是一段不可能重复的发展史，是夹杂着抗争、觉醒与奋起探索的中国式企业创新能力成长史，中国企业几乎是在完全没有外部环境支持的状况下摸索出这条道路，为此付出了沉重的代价，也从中积聚了智慧与能力。三把椅子的故事还告诉我们，企业能力的成长真实而艰辛，没有一条"理应如此"的必然路径，企业只能在内在条件与外部环境的探索与磨合的过程中摸出一条发展的轨迹，这种关系中外部环境对于企业的呵护与支持就非常重要。某种意义上，中国企业中其实不乏有志于创新者，缺乏的是真正有力的设计支持；我们的设计师如果能够踏踏实实地了解企业的生存、企业发展的逻辑，并能够基于企业的需求而形成有效的设计对话，找到真正能够为企业创新所用的设计方法，企业是会愿意走出模仿阶段，成为积极推动创新的市场主体的，正如我们从第一把椅子生产厂家的变化中所看到的那样。

由此而想到另一个与自主创新相关的问题。前不久听到知识产权界提出要重视和强化专利申请中的"竞争性"内涵的主张，我认为这是一个非常重要的思路，它意味着专利注册制度将与更积极、更有质量的自主创新引导相结合，毕竟，对于抄袭、模仿的限制只是消极的，企业生存的最终出路还在于不断增长的自主创新，如果我们的社会环境能从方方面面增强对自主创新的鼓励与支持，企业就能大大加快走向成熟创新企业的历程。

（中央美术学院设计学院院长）

第三顺序 玫瑰椅

中国工业遗产保护面临的困惑

刘伯英

2006年4月18日国家文物局举办的"无锡论坛",通过了保护工业遗产的"无锡建议";2007年全国开展了第三次文物普查,第七批国家重点文物保护单位的申报,发现了大批有价值的工业遗产。上海市公布了215处工业遗产,辽宁省公布了160处工业遗产,无锡市分两批公布了34处工业遗产,大庆市分两批公布了21处工业遗产,使工业建筑遗产保护受到越来越多的关注,逐渐纳入遗产保护的范畴;2010年11月5日中国建筑学会工业建筑遗产学术委员会在北京清华大学成立,通过了保护中国工业建筑遗产的"北京倡议"。工业遗产是一种新型遗产,填补了中国文化遗产保护的空白。丰富了中国文物保护、优秀近现代建筑、优秀历史建筑和风貌建筑保护的内涵。

但面对汹涌澎湃的工业遗产保护浪潮,振臂高呼激动之后,冷静下来理智地思考一下,我们不禁为我国工业遗产保护的未来捏一把汗;那么,中国的工业遗产保护到底存在哪些问题呢?我认为主要表现在下列五个方面。

一、家底不清

由于全国城市之间发展不平衡,城市的管理者关注的重点也不尽相同。当城市经济发展达到一定水平,开始步入后工业时代时,就有精力和经济条件关注文化建设;而当城市经济还不那么发达,还处在工业化的上升期和城市化进程的高潮期,城市管理者更多的关注点则在于经济发展和城市建设,对文化的关注度会降低。因此,各地对工业遗产保护的认识有所不同;有些城市重视,对工业遗产保护工作积极、主动;而有些城市对工业遗产保护工作不理解,甚至认为这是对城市发展的阻碍,大刀阔斧的"拆旧建新"成为许多城市当前的主要任务,这就造成工业遗产一天天丧失的原因。

工业遗产的数量每天都在减少,这是中国工业遗产保护面临的现实;即使是我们准备公布纳入保护范畴的工业遗产，也可能在一夜之间被拆除，北京双合盛啤酒厂麦芽楼就在公布成为"优秀近现代建筑"之前被偷偷拆掉了。长此以往，工业遗产就可能荡然无存，中国工业文明蓬勃发展的美好记忆就可能被完全抹杀。所以，我们必须结合第三次全国文物普查的成果，尽快启动全国范围的工业遗产普查，摸清工业遗产的家底，建立工业遗产档案，按照地域、城市、行业进行系统研究，结合科技史、环境保护、社会学等领域的专家学者进行跨学科的综合研究。

二、法规不全

(1) 缺乏工业遗产针对性保护要求。工业遗产保护与传统的文物保护是有差别的，"福尔马林"式的文物保护与工业遗产的价值和保护特点是相违背的，如果按照传统的文物进行保护，一点不能动，工业企业就没有工业遗产保护的积极性。(2) 缺乏对使用中工业遗产的约束。有的工业遗产还在使用，比如长春一汽、上海自来水厂还在生产，如何协调工业生产与遗产保护的关系，在工业生产的使用中实现保护，是工业遗产保护法规应该特别注意的问题，需要及时补充；否则工业企业为满足生产，对工业建筑改扩建，或者改进工业生产工艺流程，可能对工业遗产的价值造成破坏。(3) 缺乏工业遗产保护与其它部门的协调。工业遗产保护和改造利用，功能发生改变，在房屋改造的各项手续，以及房屋租赁时，都会与现行政策产生矛盾（如土地、规划、消防、工商等）。(4) 缺乏工业遗产保护与再利用设计规范。工业建筑改造利用目前缺乏规范的管理，很多都是由艺术家自行设计完成的。由于他们缺乏对工业遗产的研究，有的改造利用可能会对工业遗产产生破坏，"好心办了坏事"。

三、控制不力

(1) 保护法规依据不足。工业遗产没有文物、优秀近现代建筑、历史建筑的法规保护，这是目前的现实，但并不意味着我们就束手无策，等着工业遗产被拆掉；而是应该积极寻找切实可行，又行之有效的办法。(2) 灵活利用现有手段。工业遗产保护的紫线应放到城市规划的控制性详细规划中，作为城市开发中土地出让的依据，实现具有法律效力的控制。(3) 及时弥补法规缺失。有些城市通过工业遗产普查，制定了工业遗产保护办法，公布了工业遗产保护名录，划定了工业遗产保护区，但工业遗产保护规划尚未编制。(4) 继续扩大保护力度。目前还没有任何一座城市以工业遗产作为城市文化特色，申请历史文化名城。说明我们的城市还没有把工业遗产作为城市文化的重要内容，认识到工业遗产的价值。

四、标准不明

(1) 污染土壤生态修复。长期工业生产的跑冒滴漏，会造成土壤中存有大量有害污染物；污染土壤的生态修复是工业用地更新、工业遗产保护和再利用的前提。(2) 设施设备污染去除。工业建筑、设施设备和管道中，也通常会残存污染物，必须去除后才能使用，或者允许参观者接近，特别是儿童。(3) 污染去除技术。目前我国对于土壤中各类污染物的去除技术尚在摸索中，但处理设施设备和管道中的污染残留物，方法不同于污染土壤的处理。(4) 责任不清。工业遗产保护到底谁来负责？谁来投资？谁来管理？目前工业遗产的产权单位是企业，如果让企业来承担工业遗产保护的责任，他们既不情愿又无能力。企业与政府在承担社会责任问题上存在着博弈。

五、实施困难

(1) 统一认识难。工业遗产价值评估体系不明晰，导致在留不留、保不保、怎么保、能不能改，怎么改，这些方面争论很多，导致对工业遗产保护犹豫不决。(2) 保护投资难。工业遗产保护以企业为单位，一座厂房就有上万平米，与单体文物相比面积规模巨大，保护和改造利用的投入较大。(3) 设备维护难。停产后残留化学物质对设施设备的腐蚀进一步加剧，需要大量了解设施设备的维护人员，保证不被盗拆，避免安全隐患，北京焦化厂 5 年维护费用 2 亿元。(4) 改造实施难。工业建筑遗产的改造利用，委托设计单位做设计按照建筑规范设计，包括结构加固、消防和节能，但改造项目实施这个标准有时确实有难度，比新建投资大，周期更长。(5) 再利用缺乏想象。
目前工业建筑再利用多为艺术家工作室、画廊、博物馆等，功能单一，缺乏想象，容易给人误导，认为工业遗产只能用作艺术，和商业、娱乐毫不沾边，这是大错特错的。

（清华大学建筑学院中国建筑学会工业建筑遗产学术委员会秘书长）

建筑的音乐之美

叶骞紫

我们都听过这样一句话——"建筑是凝固的音乐"。一但深究这句话的况味，我们不免思索，这两者真的那样富有关联性吗？还是这二者之间一定要以极丰富的想象力才能产生关联？有文献说贝多芬在创作著名的《英雄交响曲》时，曾受到巴黎圣母院的启示；舒曼在《第三交响曲》中就曾想用第一乐章表现科隆大教堂外观的壮丽与雄伟；而高迪的圣家族大教堂给了包括同时代和后世许多作曲家以灵感之光……也许我曾演奏过的这些音乐作品让我对这一题目的探究更加迫切，更加拥有动力。

建筑是具象凝固的功能性空间，音乐却没有形式上的载体，更拒绝文字的形容，它作用于人类的精神世界和情感空间；音乐是时间的艺术，建筑是空间的艺术；音乐能在时间中展示空间，而建筑则在空间中体现时间。虽然这二者从概念上看似乎相距甚远，或者说想清楚地说明和定义它们之间的关联性变得越来越困难，但寻找这个议题的圆满答案，并不是完全没有可能，寻找答案的希望依然存在。黑格尔曾这样提示音乐与建筑的关系："音乐和建筑最相近，因为像建筑一样，音乐把它的创造放在比例和结构上。"基于这句话，我想简单表述一下我对音乐和建筑关联性的一点理解。

规划——相对于建筑专业而言，规划是概念性的主体，建筑是实体造型；规划是宏观，建筑是微观，即非主体所在。在音乐中类比于建筑中的"规划"，我们则有"风格"之谓。规划和风格可以认为是时代的背景和特征，例如，在著名的巴洛克时代，欧洲正处于从封建社会制度向资本主义过渡的时期，几乎整个欧洲都处于动荡和变化之中，建筑风格呈现追求新生，打破与雕塑、绘画中的隔阂以及僵化的界限；巴洛克时期的音乐风格则体现在中世纪多种教会调式的完全解体，被大小调所取代的同时，歌剧、组曲、奏鸣曲和协奏曲等题材形成了雏形。可以说，在大的时代背景下，建筑物外檐（外表面）的色彩和形式与音乐的色彩和题材都会呈现出共振式的发展。如同巴洛克建筑一样，巴洛克音乐的特点也是极尽奢华的，数字低音及即兴创作是巴洛克重要的部分，音乐被加入了大量装饰性的音符，节奏强烈、短促而律动，旋律精致。复调音乐占据主导地位，同时主调音乐也在蓬勃发展，而复调的和声性则越来越明显。复调音乐最终在巴赫时代被发展到了极致。

苏黎世歌剧院外景

节奏感和韵律感——节奏指的是音乐中音响节拍轻重缓急的变化和重复，具时间感。节奏之变化是事物发展的本原、相对论变化的结果、艺术之美的灵魂所系。建筑，无论是在水平上还是在垂直上，都有其节奏与韵律。而节奏和韵律也是构成音乐流动性的两大重要元素，甚至节奏和韵律成了音乐与建筑中通用的专业术语。例如，建筑外檐也会呈现类似节拍式的错落的节奏感；而音乐中，由声调的高低变化和组合所构成的韵律，则与城市规划中的城市天际线——即城市中建筑的起伏和错落有着异曲同工之妙。例如著名的科隆大教堂，从建筑规模和装饰艺术质量来看，均胜过它之前所有的哥特式建筑，因而激发了舒曼写作《莱茵河交响曲》的意念和热情。科隆大教堂既是一个宗教殿堂中的传奇，也是艺术史上非常出众的题材。为保证游客从各个方位都能看到大教堂的尖顶，自教堂完工后，科隆市政府即规定城内所有建筑不得高过教堂。在《莱茵河交响曲》中，舒曼用独特的配器法将教堂磅礴的气势和富于英雄性的雄浑有力表现得淋漓尽致，可以从中领略到庄严神圣而又充满欢乐的氛围。可以想见，我们在音乐中所得到的感受，与我们在建筑中所能感受到的是颇具相似之处的。

色彩和材料——我认为，在建筑中，外表面的材料和色彩，与音乐中的和声色彩就有着很奇特的关联。例如建筑中的玻璃幕墙、块料（石材和面砖）、金属饰面、涂料、清面这五种材质在音乐中能够与音程间的五种色彩相对应。例如，玻璃幕墙—纯音程：有一种纯粹、明彻、温和的性质，却因过分的纯净而显得空灵、空洞和具有空虚感。金属饰面—增音程：色彩明亮、尖锐、

科隆大教堂

极富张力、具有可损伤性。涂料—小音程：和谐、精致、优雅、亚光色、富于亲和力。清面—减音程：有和谐性却又阴暗、可沉淀的性质。块料—大音程：最大众、亲和、阳光与活泼。在我所演奏过的著名音乐殿堂中，苏黎世歌剧院在外表面的装饰上，就因其所选用的亚光涂料而给我留下了美好温和的初印象。

音乐中所具有的严格数学化的比例、对称、均衡等特点，如音乐中音程的色彩关系、节奏的疏密、句幅的长短以及和声、织体的层次类似于建筑中的空间安排、体积布局、结构层次等方面的特性。由此，也许我们可以笃定地说，音乐创作与建筑创作在艺术法则和美学信息中是互通的。如果建筑设计者能够多一些音乐上的艺术修养，也许会激发出更为精彩的灵感，将建筑艺术之美发挥到极致。

（青年小提琴演奏家，现任职于天津师范大学音乐与影视学院）

讨 "保护性拆除" 檄

罗健敏

梁思成和林徽因在北京的故居被拆除了。此事一出，立即激起了建筑界和全国人民的公愤。在各界舆论纷纷声讨这个文化暴行的时候，"拆者"却很长时间躲在暗处默不作声，而讨伐者即使怒不可遏却没法指出那"幕后"是谁。就是现在本人写这篇短文时，我也仍然被蒙在鼓里，说不出是谁干的，因无人出来担责！阿拉伯世界的恐怖分子炸了清真寺，炸了婚礼，炸死无辜妇幼，还拍着胸脯说："这是我们干的！"相比之下我们应该如何评价这些文化暴徒呀！

当然，好事成了有人出来领功，坏事出了无人认账，这在今日中国已是见怪不怪了。然而令人吃惊的是，前些日子忽然有人抛出一个声明，说梁林故居是被"保护性拆除"了。"保护性拆除"！这种不合逻辑的昏话能从"人"嘴里说出来，实在罕见。这不但是对中国人语言文字的侮辱，也是对中国人民智商和尊严的侮辱，是对国家法律尊严的挑衅。

2011年中共六中全会刚刚做出了"发展文化事业，发展文化产业"的历史性决定，同一年国家文物局和北京市规划委员会也经过长时间艰苦严肃的调研后列出了要重点保护的不可移动文物的名单，而梁林故居正是名单上赫然在列的文物之一。恰恰是在这样的政治与文化背景下，作祟者竟敢在堂堂首都"首善之区"，在光天化日之下，将梁林故居拆除，该怎样形容？我无话。

"发展文化事业，发展文化产业"，文化，是有载体的。语言文字是载体，音乐、戏剧、绘画、雕塑……是载体，然而更重要的载体，是建筑。正是在建筑中，人类发展着技术、科学、教育、文化，在建筑上，镌刻着人类的历史，建筑是人类最不可缺少的物质基础，建筑是人类文明的主要标志。

一个民族，例如中华民族，要想"立于世界文化之林"，必须有自己的文化体系。而建筑体系则是这座文化大厦的最主要的支柱之一。但是，直到20世纪三四十年代，在世界建筑领域中，中国建筑是被视为无足轻重的。西方建筑界、文化界、历史界画出了一棵世界建筑之树，这棵大树是以古希腊罗马建筑为主干，向上向外分枝发展的，而在这棵树上，中国建筑只被列为最低的一枝"亚洲"分枝的最微不足道的一个小枝杈子的末端，其地位之卑微甚至在日本建筑之下。

中国建筑的这种卑微地位也是当时中国作为国家在世界上的地位的一个反映。然而，这种论断是一个悖论。中国建筑不是西方建筑体系的一个分枝，而是与之并行的另一个建筑体系。最先认识到、最先指出这一点的，正是梁思成先生。

1924年梁先生到美国留学研习建筑。经过长期的、认真的、平心静气的研究，梁先生发现用西方建筑的理论体系来研究分析中国建筑，怎么也说不通。中国建筑是完全独立的另一个建筑体系。与梁思成同时留学美国的林徽因先生却因为美国宾州大学的制度不允许女生进建筑系而改读艺术。而她也正因此有了更多的角度与梁思成一起来从事建立中国建筑体系的工作。当梁先生认识到这一点的时候，中国，作为国家，正风雨飘摇。日本从明治维新以后确立出武力扩张，先侵略满蒙，接着灭亡整个中国的国策，并逐步实施。1931年日本发动"九一八"事变，国际各国采取纵容观望政策。中国人民陷于腥风血雨之中。国共两党的内战加上日本侵略之外战，使国家贫弱且分裂，依靠政府的力量来完成所谓"建筑体系"这个与国家政权归属无关的"闲事"，是根本不可能的。而恰恰是中国建筑这个以木构为主要结构的建筑遗产，最经不起战火的毁灭；也恰恰是中国，自古以来在朝代更迭的过程中战胜者不以坐享前朝的宫殿遗产为乐事，却以放火一烧，将先前的建筑烧光烧净为荣。因此，中国建筑的宝贵遗产之少与中国的人口之多极不成比例。即使在80年前的当时，能够佐证中国建筑体系的建筑实物，也已经是打着灯笼难寻了。

要想证实中国建筑从何时开始形成完整成熟的建筑体系，这个体系在中华民族几千年的历史中如何在演变进步，必须尽快在中国各地进行广泛细致的调查取证，与战争争分夺秒地尽快把当时仅存的建筑遗迹最大限度地利用在其被炮火毁灭之前，刻不容缓。而这时候中国在打仗，日本在打中国。此事既然指望不上政府，也就只能以民间的力量和先知先觉者的献身精神来完成了。梁思成先生于 1928 年与林徽因先生一起回到祖国，以朱启钤的中国营造学社等团体机构为勉强支撑，冒着战乱、忍饥挨冻，一地一地一步一步地发现、搜索、测绘、整理这些遗产。其环境之艰险、工作之艰巨为今人难以想象。正是这为数不多的民族优秀分子，在不可想象的困难条件下完成了这一壮举。

梁思成先生、林徽因先生和那一辈文化先驱终于让世界认识到，世界建筑有两棵大树，他们一直以来认为的那棵树只是其中之一，而另外一棵，则是中国建筑之树。而将这棵大树树立起来的元勋，正是梁思成、林徽因先生。

2011 年，清华百年校庆之际，我们 1961 届建筑生毕业 50 周年回校参加纪念活动。我们请到了 50 多年前教我们的 30 多位老师共聚一堂，其中最年轻的也已经年过八十，有多位已经九十多岁高龄了。大家无限怀念我们清华建筑系的创始人，我们的系主任梁思成、林徽因先生。会间同学们请老师们讲话。执教我们西方建筑史的陈志华先生，多年来携年轻学子在全国各地进行古代民居和古村落的抢救性调研，八十多岁依然奔波于全国。其工作之艰难总令他想起更艰难的梁林先生。会上大家请陈先生也讲讲话，先生却坚持不肯说。最后在我们这六十多名七十五岁以上的老学生和在座多位九十多岁老师的同声要求下，陈先生才站起来。但他只说了一句话。他说："要想了解梁先生，你们只要去一次李庄。"这后半句已经哽咽不成声。我们满座师生莫不潸然泪下。

李庄是什么地方？这是抗战时期梁林先生一面躲避日寇的文化破坏，一面继续中国建筑体系的研究的一个小村庄，在四川省南溪县。那里气候湿冷，梁先生、林先生租住在一间简陋潮湿小民房。他们在经常断饷断粮的条件下，艰难地继续着他们伟大的、开创性的工作。林先生当时已经重病在身，整天都只能躺在病榻上，她就在病榻上工作。林先生如果不是由于日寇侵略困于这个偏僻贫陋的寒村，而能安居大城市或者出国医治（当时他们已是世界闻名的建筑家，国外建筑界多次邀请他们出国医治），她的肺结核病是完全可以治愈的。这位美丽如仙女、圣洁如天神的中国罕见的才子却坚定地留在了祖国，她就是这样为中华民族的尊严，奉献着她高尚无比的鲜血。而正是万恶的日寇一步步地摧残了她的健康，剥夺了她的寿数！

写到这里，我的手在抖，我的心在颤，泪水打湿了稿纸。
梁思成先生、林徽因先生对中华文化及中华民族的贡献之巨大，是怎么评价都不为过的。当然，是新中国的成立，是改革开放的成功，提高了我国的国力，提高了中国在世界上的地位。从那以后中华民族再书写我们下一步的历史，贫弱与屈辱将不再是主调，富强与尊严才是中国的形容词。但是，一个民族即使富了，如果没有自己的文化作为旗帜，这个民族也是跛足的，也顶多是某国度那样的暴发户，人们可以怕它却无法真正尊敬它。

而梁先生、林先生却是早在新中国成立之前，在中国尚是一个被侵略和奴役的弱国的时候，就以他们的瘦弱之躯，以他们的如椽之笔，用他们高尚感人的英勇气概，在为中华民族文化的强盛而冲锋在前了。他们为此付出了整个生命。梁先生的腰椎是断了的，靠一架钢丝背心支撑着，他撑着拐杖，每走一步，上身都如树枝似的颤一颤。

我们应该树立多么高大的纪念碑来表彰他和她不朽的功绩？

林徽因先生在病榻上与梁先生一起完成了中国建筑体系的建树，1949 年完成了中华人民共和国国徽的设计（中国的大众或许许多不知道林徽因，但是中华人民共和国的国徽总是知道吧，那正是林先生主持设计的），参加了人民英雄纪念碑设计，与梁先生一起筹建起了清华建筑系之后终于耗干了她高尚的热血，就在我们考入清华那一年，驾鹤西归了。一代才女、绝代美人、聪明的、大智大勇的仙女离开了她热爱的为之献身的中国，北京。

林先生之后，梁先生又经历了中国人自己"十年动乱"的折磨，他那颤悠悠的腰终于支撑不住，1972 年去天上重会他的徽因去了。

他们两人为民族付出了自己的一生，却什么都没向国家索求。想不到仅仅剩下的一处住过的旧屋，却敌不过开发商发财的野心，在一片反对声中，被拆了！听了这个消息，我不觉得是在拆房，我只觉得是有人在割我的肉，挖我的心，在拆中国建筑文化的台。

我忽然想起鲁迅小说里的人血馒头。革命者被砍了头，而吃蘸他的血的馒头的无知百姓却正是他要解放，并使他们得到幸福的那些人。更有血馒头贩子，大声叫着"趁热拿来，趁热吃下，包好包好！"可悲，可怕呀！我忽然明白了"保护性拆除"的来源。

遭拆除厄运的北京电影制片厂（2012年8月29日 摄影／陈鹤）

日本从1931年起侵略中国14年，不但直接造成中国经济至少6 500亿美元（国际机构的评估，按1945年值计算）的损失，更造成中国文化遗产的不可计量的毁灭，还造成了战争原因的5 000万人口的死亡。此数字，大于二次大战里苏、美、英、法、德、意、日两大阵营七个国家死亡人数的总和！可是对这样一场侵略战争，日本帝国主义分子的说法仅仅是"日军进出中国"而已，他们甚至说侵华是为了"帮助中国建设"，实现"大东亚共荣"！既然侵略都可以说成帮助，30万具尸体都可以蒸发成谎言，那么一座文物建筑被拆了，为什么不可以说成是"保护性拆除"呢？毕竟日本文化源于中国，连撒谎都有中国"人"可以高出他一筹。日本人应该说"在南京日本是保护性屠杀了三十万中国人"，日本"保护性侵略中国十四年"。美帝国主义已经保护性入侵了伊拉克，让伊拉克保护性死了十几万人，保护性残废了二百万人，让伊拉克从一个石油强国保护性地变成了一个每天人肉炸弹血肉横飞的地狱。

美帝保护性绞死了萨达姆，保护性杀了卡扎菲，如今正在保护性地颠覆叙利亚和伊朗的合法政府，用不了多久，美国就将保护性轰炸伊朗，将一个美丽的国家夷为焦土！日寇正保护性地侵占我国钓鱼岛，美帝已经调来60%的海军力量来保护性地侵略我国南海了。

网友们是不是应该保护性地人肉搜索一下，让世人明白，是谁胆敢冒天下之大不韪悍然拆了梁林故居？是谁发明了"保护性拆除"这个"护身符"？是不是搜索一下，他们为了发财还干了哪些更有损于城市文化的事？政府是不是应该有些法律惩办这些不法"拆者"，万不可让那么多的法律空当留给那些"拆者"去发横财而不受惩罚？

（宝佳集团顾问总建筑师）

北总布胡同的哀思

王 军

你们永远不会落花似的落尽，与这片土地再没有些牵连！

徽因女士：

今天清晨，京城雪花飘零。

我站在北总布胡同，飘零为瓦砾的您的故居面前，手捧从诫先生编辑的您的文集，念下您的诗行：

> 我情愿化成一片落叶，
> 让风吹雨打到处飘零；
> 或流云一朵，在澄蓝天，
> 和大地再没有些牵连。
>
> 但抱紧那些伤心的标志，
> 去触遇没着落的怅惘；
> 在黄昏，夜半，蹑着脚走，
> 全是空虚，再莫有温柔；
>
> 忘掉曾有这世界，有你，
> 哀悼谁又曾有过爱恋；
> 落花似的落尽，忘了去，
> 这些个泪点里的情绪。
>
> 到那天一切都不存留，
> 比一闪光，一息风更少；
> 痕迹，你也要忘掉了我，
> 曾经在这世界里活过。

此刻，我的心，正如让风吹雨打到处飘零的落叶。又是那么内疚与惭愧。
我要说一声：对不起啊！徽因女士！思成先生！
对不起啊！！！

王军著作《拾年》书影

思成先生：
那是在 1930 年秋季，您把家从沈阳搬到北总布胡同的这处院落。
初为人母的徽因女士不胜东北天寒，患肺病，竟成终生之疾。
把家安顿下来后，您又匆匆返回。在东北大学，有您无法离舍的三尺讲台和莘莘学子——"那快要成年的兄弟"。
我还记得在北总布胡同的这个院落里，您写给东北大学第一班毕业生的信。
先生有言曰：

你们的业是什么？你们的业就是建筑师的业。建筑师的业是什么？直接地说是建筑物之创造，为衣食住三者中住的问题，间接地说，是文化的记录者，是历史之反照镜，所以你们的问题十分繁杂，你们的责任十分重大……非得社会对于建筑和建筑师有了认识，建筑不会得到最高的发达。所以你们负有宣传的使命，对于社会有指导的义务，为你们的事业，先要为自己开路，为社会破除误解，然后才能有真正的建设……你们的责任是何等重要，你们的前程是何等的远大！林先生与我两人，在此一同为你们道喜，遥祝你们努力，为中国建筑开一个新纪元！

先生出生于 1901 年——《辛丑条约》签订那年，知事时起，就生怕中国被瓜分，认定"那是一种不堪设想的前景"。

"我从小就以为自己是爱国的，而且是狂热地爱我的祖国。"先生晚年，被打成"牛鬼蛇神"，被逼交代"爱国心"，写下的检讨，头一句话如此。
还记得那是在 1997 年冬日，在清华大学，青灯之下，展开这一册黄卷，泪水模糊了我的双眸。

先生有言曰：

我之所以参加中国营造学社的工作，当时自己确实认为重要原因之一就是出于我的"一片爱国心"。我在美国做学生的时候，开始上建筑史时，教授问起我中国建筑发展的历史，我难为情地回答：中国还没有建筑史。以后我就常想，这工作我应该去做。一个有五千年悠久文化的民族、国家，怎能对自己的古建筑一无所知？怎能没有一部建筑史呢？

1928 年，先生创办东北大学建筑系，心中凄凉，尽在笔端——

我在沈阳东北大学教书，多次因工程业务取道长春到吉林。平时在沈阳"南满铁道附属地"看到称王称霸的日本人，就已经叫人够气愤的了。尤其令人愤慨的是车站上的日本警察，手执赶大车的长鞭，监视排队买票上车的广大中国乘客，只要一个人站歪了一点，突然一皮鞭就从远处飞来……我感到，东北还未沦亡，但我们中国人已在过着"亡国奴"的日子了。

日本人的长鞭，力从何来？先生自知。

1904 年，在中国的东北大地，日俄开战。事后，俄国人在写给日本人的报告中，以轻蔑之语称："我们在战争中虽然败给了日本，但与欧美文化相比极为落后的日本并不是我们的对手，与中国人没有太大的差别。"

后来，看到日本人费力经营的"满铁附属地"，俄国人服膺，认识到"把日本人与中国人等同视之是我们的认识不足"，遂承认对方为具有殖民统治能力的对等关系伙伴。

近代以来，伴随列强坚船利炮侵入中华的，不是上帝的福音，而是达尔文的声音。什么叫"具有殖民统治能力"？就是说你这一族没有进化，只配被具有统治能力的进化民族殖民！

我泱泱中华，拥有如此灿烂文明的一国，竟遭如此屈辱！先生，您不得不退回北平。可就在北总布胡同刚刚安歇下来，"九一八"事件爆发，日本人向前来调查的国际联盟理事会专员大做宣传，称中国内政纷乱，缺乏统治能力，几不成国。仍是社会达尔文主义的那一套——你这个民族，就是需要由日本人来殖民！这也成为他们屠杀中国人的理由！！！

先生，您怎么咽得下这一口气？可以想象，当年在北总布胡同，踱步于这处院落，您的心，该是怎样的酸楚？又是怎样的急迫？您誓言要活出一个中国人的尊严来。在这里，如此难得的苟且平静的日子里，您的生命爆发出何等光彩！

此刻，我的心，怀着对您无尽的思念，又如此沉沉地失落。

我要说一声：对不起啊！思成先生！徽因女士！

对不起啊！！！

徽因女士：

在北总布胡同的病榻上，最让您不能安心的，与思成先生的一样，就是——中国之建筑无史！

打开弗莱彻的《比较建筑史》，那上面分明写道：中国之建筑，"迄无特殊之演变与发展可言"，只配被列入"先史时代之建筑"。仍是在说：你这一族，始终没有进化啊！

这样的建筑史，是何等的傲慢，又是何等的无知！

您28岁时，在北总布胡同的书桌上，为中国建筑大笔直书——

中国建筑为东方最显著的独立系统，渊源深远，而演进程序简纯，历代继承，线索不紊，而基本结构上又绝未因受外来影响致激起复杂变化者。不止在东方三大系建筑之中，较其他两系——印度及阿拉伯（回教建筑）——享寿特长，通行地面特广，而艺术又独臻于最高成熟点。即在世界东西各建筑派系中，相较起来，也是个极特殊的直贯系统。大凡一例建筑，经过悠长的历史，多掺杂外来影响，而在结构、布置乃至外观上，常发生根本变化，或循地理推广迁移，因致渐改旧制，顿易材料外观，待达到全盛时期，则多已脱离原始胎形，另具格式。独有中国建筑经历极长久之时间，流布甚广大的地面，而在其最盛时期中或在其后代繁衍期中，诸重要建筑物，均始终不脱其原始面目，保存其固有主要结构部分及布置规模，虽则同时在艺术工程方面，又皆无可置疑的进化至极高程度。更可异的是：产生这建筑的民族的历史却并不简单……这结构简单、布置平整的中国建筑初形，会如此的泰然，享受几千年繁衍的直系子嗣，自成一个最特殊、最体面的建筑大族，实是一桩极值得研究的现象。

您在北平，向西方人宣讲中国建筑，该是何等自豪！深爱着您的志摩先生，为听这一讲，急切地搭乘中国航空公司邮机北上，竟撞死在济南党家庄开山！

他是为爱而死！为中华文化之爱而死！！

思成先生到济南，向志摩先生做最后的告别，转过身来，再赴深山老林，踏上探索中华建筑的漫漫征途。徽因女士，您体质虽弱，却不让须眉，一次次伴着思成先生风餐露宿，用您的话来说，这叫"吃尘沙"！

您那不堪重负的双肺，又盛得了多少尘沙？您竟为此永远失去了健康，如此过早地离世！

此刻，我的心，郁积着无限的哀思，那正是没着落的怅惘！

对不起啊！徽因女士！思成先生！

对不起啊！！！

思成先生：

您一次次从这条胡同出发，在处处烽火、车马难安的中国，如此艰难朝着一个伟大文明的深处行进，心中是那般欣喜。

走出这条胡同，您到东西牌楼搭车远行，如此调皮地叙述："一直等到七点，车才来到，那时微冷的六月阳光，已发出迫人的热焰。汽车站在猪市当中——北平全市每日所用的猪，都从那里分发出来——所以我们在两千多只猪惨号声中，上车向东出朝阳门而去"，"在发现蓟县独乐寺几个月后，又得见一个辽构，实是一个奢侈的幸福"。

在那短短六年的时光里，您发现了独乐寺、佛宫寺木塔、赵州桥……您和徽因女士，终于找到了那处伟大的唐构——佛光寺！

那些年，您和刘敦桢先生，还有中国营造学社的同人们，挑战着生命的极限。在那么艰难的时刻，你们负重前行，脚步覆盖如此辽阔的国土，一次次报来令人振奋的消息！

中国人终于能够写出一部名副其实的中国建筑史，能够在抗战与内战之际，为作战开列长长的文化遗产名录，要求他们誓守保存中华文化的底线！

因为你们的工作，弗莱彻的《比较建筑史》改写，庄严地补上中华建筑的篇章，成为真正的不朽。这才是人类文明的进化啊！

感谢你们啊！思成先生！徽因女士！

感谢你们啊！中国营造学社的先辈们！

徽因女士、思成先生：

莫宗江先生（1916—1999）在世时，给我讲过当年你们发现佛光寺的欣狂：把所有的罐头打开，摆在辉煌的大殿前，吃它个欢天喜地！

可是，噩耗传来——"七七事变"爆发！

你们匆忙赶回北平。在北总布胡同的这处院落，徽因女士，您给女儿再冰寄去一信：

如果日本人要来北平，我们都愿意打仗，那时候你就跟着大姑姑那边，我们就守在北平，等到打胜了仗再说。我们觉得现在我们中国人应该要顶勇敢，什么都不怕，什么都顶有决心才好……你知道你妈妈同爹爹都顶平安地在北平，不怕打仗，更不怕日本。

可是，北平沦陷了！
你们毫不犹豫地拾起行囊，携儿带母，离开北总布胡同，奔向后方，共赴国难。
在长沙，日寇的飞机炸毁了你们的寓所，全家人险些罹难；在晃县，徽因女士肺病复发；在昆明，思成先生关节炎发作，肌肉痉挛，一卧床就是半年。
费正清先生希望你们到美国避难，思成先生复信：

我的祖国正在灾难中，我不能离开她；假使我必须死在刺刀或炸弹下，我也要死在祖国的土地上。

2010 年秋，我在北京大学与同学们分享你们的故事，念下思成先生的这番话语，竟是不能自持。
我还记得后来你们流亡至长江边上的李庄，双双病倒，思成先生勉强以花瓶撑下颚写作。费正清先生赶来探望，留下如此记载：

我深深被我这两位朋友的坚毅精神所感动。在那样艰苦的条件下，他们仍继续做学问。倘若是美国人，我相信他们早已丢开书本，把精力放在改善生活境遇上去了。然而这些受过高等教育的中国人却能完全安于过这种农民的原始生活，坚持从事他们的工作。

我还记得从诚先生回忆起母亲预备投江殉国之时，幼小心灵承受的震动：

有一次我母亲谈起 1944 年日军攻占贵州独山，直逼重庆的危局，我曾问母亲，如果当时日本人真的打进四川，你们打算怎么办？她若有所思地说：“中国念书人总还有一条后路嘛，我们家门口不就是扬子江么？”我急了，又问：“我一个人在重庆上学，那你们就不管我啦？”病中的母亲深情地握着我的手，仿佛道歉似的小声地说：“真要到了那一步，恐怕就顾不上你了！”听到这个回答，我的眼泪不禁夺眶而出。这不仅是因为感到自己受了“委屈”，更多地，我确是被母亲以最平淡的口吻所表现出来的那种凛然之气震动了。我第一次忽然觉得她好像不再是"妈妈",而变成了一个"别人"。

徽因女士,就是在那样的苦境之中,您被医生宣布只能再享受五年之寿。
而您视死如归,依然奋笔疾书,写就《现代住宅设计的参考》,把目光锁定在美国与英国的低租金住宅建设上,细研金融政策、资本经营模式、不动产税调节机制以及标准化设计、快速施工等低成本房屋构造技术,深信"现在的时代不同了,多数国家都对于人民个别或集体的住的问题极端重视,认为它是国家或社会的责任","眼前必须是个建设的年代,这时代并且必须是个平民世纪,为大多数人造幸福的时期的开始"。
也是在那样的苦境之中,思成先生完成《中国建筑史》的写作,再把目光投向战后中国的重建,提出"住者有其房"、"一人一床"的社会理想。
你们的生命是如此绚烂,你们的爱是如此炽热!
你们是那么盼着那一个新中国的到来,不惜为此赴汤蹈火!
你们是中华民族最最宝贝的儿女!!!

拆毁北总布胡同这处故居的人们:
你们知道你们的肩上应该承担怎样的道义责任吗?
1948 年 12 月,北平围城之际,人民解放军奉毛泽东主席之命,派专员到清华园请思成先生绘制北平文物地图,因为枪炮不长眼,宁可牺牲战士,也要保文物不失。
后来,思成先生一次次回忆起这一幕让他终生难忘的场景。

1957 年,思成先生写道:

清华大学解放的第三天,来了一位干部。他说假使不得已要攻城时,要极力避免破坏文物建筑,让我在地图上标明,并略略讲讲它们的历史、艺术价值。童年读孟子,"箪食壶浆,以迎王师"这两句话,那天在我的脑子里具体化了。过去,我对共产党完全没有认识。从那时候起,我就"一见倾心"了。

1959 年,思成先生又这样追忆:

1948 年 12 月,清华大学获得了解放。解放军自觉的纪律,干部的朴实,和蔼的态度和作风,给了我深刻印象。出乎意外的是,党十分尊重我的一点知识和技术。北京城解放以前，来咨询我关于城内文物建筑的情况，以便万一攻城，可以保护，这更深深感动了我……我感到共产党挺能够"礼贤下士"，我也就怀着"士为知己者用"的心情，"以国士报之"。

你们怎能挥舞如此冰冷的铁器，将这处故居毁掉，还把木料卖掉，说这是"维修性拆除"？

我要告诉你们，正是出自那一份道义责任，2005年，国务院批复了《北京城市总体规划》，要求整体保护北京古城，停止大拆大建；
正是出自那一份道义责任，2009年，国家文物局、北京市文物局、北京市规划委员会做出那神圣的决定，依法将北总布胡同梁思成、林徽因故居纳入文物保护的范畴，决心只要还有一丝历史信息留存，就要做最完全的保护！
你们分明是在挑战一个文明社会的底线啊！
但是，你们不会成功，因为我们这一族，拥有一个伟大的传统——永远把文化放在最高的位置，它永远不会被人踩在脚下！
这个国家正朝着文化复兴的方向前行！尽管还有艰难坎坷，但我们会一如既往，本能地、一代人又一代人地——付出最大的牺牲！

徽因女士、思成先生，对不起啊！对不起啊！！对不起啊！！！
你们若在天有灵，真不知该如何打量北总布胡同，我眼前的一切！
但请你们放心，我和我的孩子，永远不会失去对祖国文化的热爱！永远不会失去对人类文明的热爱！
我和我的孩子，永远不会忘掉你们曾经在这世里活过！！你们永远不会落花似的落尽，与这片土地再没有些牵连！！

念下那泪煞乡愁的诗行，我骑车西进——
故宫还在！！！

（新华社《瞭望》主任编委）

建筑思想家——杨永生

金 磊

中外皆有思想大家这不足为奇，但建筑思想家的称谓在中国基本上并不为人们所承认。何为建筑思想家？建筑思想家能画图搞设计吗？在当下的时代，中国城市化发展大上、快上是否还需要思想引导……或许这都是读者朋友关心的问题。但我认为，面对某些人的唯利是图、唯官至上，甚至"前腐后继"，思想的作用日显重大。本专辑推出的建筑学编审杨永生（1931—2012年）正是被界内深深缅怀的一位建筑思想的文化大家。

一、他的《缅述》缅述的是中国建筑六十年历程

古往今来许多证言、危说之所以屡屡无效，就是因为唤得醒的不曾如梦，而梦中之人多半又难于被唤醒。自2012年7月30日我国著名建筑出版人、建筑文化学者、中国建筑工业出版社原副总编辑杨永生辞世迄今不足百日，已有《中国建筑文化遗产》、《建筑师》、《建筑时报》、《中国建设报》等媒体，发表了数以十计的海内外学者的文稿，人们在缅述杨永生的敬业与对其的怀念之情时，更多的是赞赏他对中国建筑学及建筑文化发展的贡献。其中最为突出的是大家都认为杨永生不仅是中国建筑文化界一位学识渊博的智者，更是一个敢于讲箴言的大家。高介华先生在文中说："《缅述》卷前的那段话，一开始便提到讲真话、谈真情，充分体现了真正的知识分子的君子风度，人能如此，夫复何愧！"

写作是对生命与世间秘密的揭示，尤其是口述历史写自己，尤其是当一个人得知自己已患上绝症，生命已看到尽头时，还要向社会"履职"，还要向业界交代，那又是一种何等气魄的书写，因此它更是对行业发展的负责之举。杨总是我国建筑出版的奠基人之一，在我的记忆中，国内几乎所有口述历史的建筑文化类图书都与杨总的亲力亲为有关，最典型的有两部：其一，杨总努力于20世纪

90 年代初，且于 1994 年 2 月出版的建筑大师张镈的《我的建筑创作道路》）；其二，正是他本人于临终前二十天推出的《缅述》一书。如果说第一部是杨总启迪辛亥之子张镈（1911—1999 年）大师的建筑创作路径集，开启了国内建筑口述历史先河，那么他的《缅述》一书则是他郑重的人生告别卷。我以为《缅述》一书是奉献给建筑大千世界的宝贵财富，它不仅缅怀文化大家先贤，更口述建筑事件遗产，是一本十分耐人寻味，会产生深刻影响的著作。2012 年 8 月 5 日，我在为"杨永生编审纪念专辑"写的特别约稿函中说："杨永生是一位有高深建筑文化造诣、建树丰厚、著作等身的文化大家，他在《缅述》中自己归纳主要的著作条目已过 40 多本（套）……"最为可贵的是已到耄耋之年的杨总始终为中国建筑文化事业发展奔走，翻阅他的著作，不仅文风严谨，情感丰富，还语言生动，构思奇特，许多著述总能在日后产生影响，在业内外留下深刻印记。

《缅述》一书极为珍贵，不仅仅因为它诞生于一个人的非常时期，更因为它倾注了这个人对业内外影响力所积累下的众多鲜为人知的人和事。杨总以他为人做事的品德，朴实地记叙他一生走来的历程，有详有略，不仅有丰富的建筑史光辉，更有充满哲思的文化故事。《缅述》是他人生的展示，是他内心

杨永生为中国建筑界留下的最后"两书"《缅述》、《建筑圈里的人与事》书影

的独白，是他希望为自己找寻的栖居之所；《缅述》是一位公共知识分子的人文书写，它使杨总的人格独具魅力，风度更为卓越超群。因此，我以为杨总的《缅述》是他留给中国建筑界的文化新命题，因为书中有许多还待探究的话题；《缅述》更是他对历史负责的一介学者的精神呈现，在这里让读者看到他是如何带头"书写"口述史的。因此我尤其要说中国文化大发展要脚踏实地，在极目远望中要传承下更丰富的《缅述》类的人文精神遗产。对于杨总的行业贡献，中国工程

院院士马国馨特从开辟建筑评论平台上给予了高度评价，他说，"杨总不仅是杰出的建筑出版家，更是建筑评论的实践家，至少在30年前他就成功地组织了建筑出版界与建筑界的学术交流"。中国工程院院士崔愷归纳了杨总的三个特点："一是直爽坦率，不讲虚话；二是富有激情，更不乏几分幽默；三是记忆力超强，堪称建筑界的故事王"。中国文化遗产研究院研究员崔勇从开拓性的先驱者方面勾勒了杨总的贡献，"今天中国建筑工业出版社能成为国内十大出版社之一、《中国建设报》得以成为建筑行业部级大报、《建筑师》杂志成为建筑界重要媒体阵地，"一社、一报、一刊"的定位及旗帜作用，哪能离得开杨总的才识胆略及一个个明智的策划之举"。社会文化学者、湖南省宣传部副部长蒋祖烜说，"结识杨总起于书缘，杨总是一位当代建筑文化百科全书式的人，他虽远去了，但他和许多文化前辈一样已将文化的DNA传递到接力者身上……"

《缅述》一书除后记外，共有18个章节，全书16.2万字，基本上按照时间顺序及事件两大主线写就，其正如杨总本人一样，可信可敬之处体现了它极为真实的一面。讲荣誉的内容有他为总理、为主席当俄文翻译的"难忘的1956年"；讲述历史的有"四清插曲"、"反右、文革中的人和事"；怀旧的有"我心中的两位好领导"；讲事业与做学问的有"发挥余热"、"谈建筑"、"中国建筑工业出版社的事"……阅读这本亦薄亦厚的《缅述》，在抚今追昔的感慨中，更多的是从中获取到鉴古知新的东西。书中的杨总，与现实中的杨总都是真挚感极强的"风景"。书中的语言十分平实，正印证着他在前言中所告知的写作原则：不虚妄、不溢美、不掩饰、说真话、谈真情。在与杨总"忘年交"的岁月中，坚持唯新唯真是他老的学术精神及主张，他尤其反对唯上是从、唯书是奉、唯洋是举、唯利是图的"风潮"，他真是当代难寻的一位公共知识分子的楷模。

《缅述》一书让我联想到许多：其一是责任。记得在2012年5月22日与杨永生、香港建筑师学会前会长钟华楠、建设部设计局原局长张钦楠三位属"羊"、八十有一的贤者共进晚餐时（这也是我与杨总的最后一次晚餐），他们几位前辈共同针对5月14日古建大家罗哲文辞世，一再叮嘱我，要抓紧口述历史的研究与实施。其二还是责任。2005年1月天津百花文艺出版社出版了罗哲文、杨永生合著的《永诀的建筑》，如今两位文化大家连同更多的建筑师，都已仙逝，这启迪我们除了缅怀，还要讲述，要将建筑文化遗产世代相传，这没有责任感与文化自觉行吗？其三更是责任。《缅述》一书已告诫读者其主人公杨永生是怎样的人，若从出版大家看，他那独到的文化眼界与社会担当，使他有广阔的思想舞台；他那对建筑、对事件敏锐的嗅觉及果敢的行为，使他能极目天下、超越前人；他是位可敬可爱的活到老学到老的人，正是"学"到极处，他"识"

自高，是产生大智慧及不凡见地研究与出版的源泉。

二、杨永生让我想到满天的繁星

彭荆风在忆冰心先生的文章中转述冰心老对《文艺报》的一篇复信"……我现在行动不便，从不出门，整天除了看书，还是看书。每天邮差来时，都会收到好些刊物……拆得我手腕酸疼，看得我眼花缭乱！但实话说，能引我重读一遍的文章并不多"。我以为，在这里写杨总，确有穿越时空的聚会交谈之感，那些记忆犹新的往事，那些令人清泉心上流的教诲，一幕幕重现。杨永生是位典型的谦谦君子，尤其对我们这些后辈，他谦逊、宽言且循循善诱、诲人不倦。他总是乐于听取我的一些不成熟的、萌芽中的、乃至过于大胆的计划，我们交流时有时甚至涉及世界观"相左"的问题，甚至有我个人迷茫情绪的发泄，但杨总用那思想大师之力将其神奇地化解。但有一点我会始终铭记，那就是他要求我要面对困难走下去，保持着一种思想的敏锐与精神的达观态，因为只有思想敏锐的人，才会及时找到思维漏洞与学术缺陷；而只有精神达观的人，才能在征途上克服自己的浮躁之气，不断做出有启蒙、有蕴涵意味的事。已到寿登耄耋之年的杨总，也不断和我们商议"新建筑"著述的思想系列，渴望跃上建筑的新高，怀抱理想，弦歌不辍，这种心境下的人生与学品绝非一般建筑学人所能拥有的，它一定属于建筑文化的思想大家。写到此，我仿佛不知京城夜空里是雾霾还是哗哗下雨，但眼前真的出现梦境般的、罕见的满天繁星。

满天繁星照耀下的是生活着的风景，这里有中西方建筑文化交融和碰撞所孕育的风起云涌的建筑形式，这里有人们孜孜以求的互为表里的作品，也不乏难以陶冶城市文化的"败笔"。2012年9月3日，《南京晨报》报道了位于苏州金鸡湖畔的"东方之门"，其有"世界第一门"、亚洲第一大酒店之"美誉"，该项目的照片及评论已频频出现在微博上，有吐真言者说"这个作为牛仔城的标志建筑还不错……因为它终于使央视大楼不再孤独"。从外形看，它真是一个标准的"秋裤"。明明一个好端端主题的标志性建筑，非要建得如

2007年11月杨永生在《建筑创作》杂志社指导工作（摄影／李沉）

此怪诞和另类，中国建筑真的非要如此"反传统"？将"反力学原理"的建筑树于著名国家级历史文化名城苏州，是否有损于文化苏州建设，是否给苏州城市品质带来暗伤可以暂不议，但它至少说明该项目的建筑理念中并未包含丰富的、有地方特色的文化敬仰与敬畏，它至少让我相信，"秋裤建筑"话题对建筑界、城市界、文化界绝不仅仅是笑料，更是一种新警醒。由此又让我想起杨永生，他是当年对"央视"新址建筑极有意见的专家之一，他不顾方案已定的说法，从缺少安全感、归属感、幸福感等方面抨击这庞然大物又将古城北京挤得脆弱不堪、干瘪变形。他认为，CCTV 新址建筑虽"潮"，却不平衡，其间夹杂着大量虚荣和盲从，它不仅是目空一切的建筑，它更揭示了资本与北京城市开发的新困惑，它更让城市公众产生一种身心何处，家园何在的灵魂焦灼感。

由杨永生建筑学术、文化、评论等方面的贡献，我面前总浮现出一个词汇即思想。思想是潜化的，它的身上有着迷彩一样的颜色。当下的中国城市建筑是资本的时代，是文化的时代，也是故事的时代。建筑中的人和事提供了越来越多的故事资源，虽然著作出版是个体行为，但它们更是公共行为，我们日益感到建筑设计、建筑书籍、建筑报刊乃至建筑微博，有量无质、有形无体、有语无物……这里缺失的就是思想与文化。在思想日渐稀薄的当下，我们绝非要故作哲人状，而是要告诫一代代建筑学者（尤其是青年学子），在人们有限的时光里，对有思想的作品认真进行一番梳理，看看哪些是对我们营养最大的思想者。杨永生是较早推崇朱启钤（1872—1964 年）的人，他始终告诫我，朱启钤才是中国建筑教育的真正先师（虽然朱启钤并不画建筑图），他的中国营造学社及《中国营造学社汇刊》至今也是无人超越的。这就是建筑思想大家的力量所在。因此在 2008 年，在杨永生总的倡议下，我们出版了朱启钤著的《营造论》，并举办了中国营造学社八十周年纪念活动；1998 年 9 月杨永生编的《建筑百家言》是我国较早的全面展现建筑学人建筑评论集体的著作；为 2012 年 8 月版《中国建筑文化遗产》（总第 7 期）笔者特作了《建筑批评学的文化省思》一文，其中从建筑评论与建筑思想视角上提到了"杨永生现象"，我以为这些都是我们能触碰"建筑思想"的一些开端。

我以为，建筑思想者是独具号召力，不论他以何等身影出现，都会保持精神上的贵族态，使平庸的空间开始深刻。建筑思想何以对评论家文化传承者重要，恰是因为一个思想贫乏的人，仅凭设计与写作技巧只会重复自己，难有对社会有影响力的升华。此外思想会使一颗心在浮躁中宁静下来，用思想的"纱布"在时光的链条中擦拭锈迹。杨永生是位有视野天空思想的人，回眸他近二十载的著述，无一不是用思想性铸就着建筑话语权的度量衡。我们期望有更多的关心文化、品质、中国精神的建筑师、设计师们读懂杨永生其人，因为他有发源于圣贤者的心灵，他的思想宛如清流一般，他的沉思与高远如一双睿智的双目永恒着，他始终未放弃耕耘著作与倾听，他的话语虽非滔滔江河，但能声情并茂，永远寄予他人。

三、中国建筑出版界需要杨永生的文化传人

常态的时光让人意识不到时间的流逝，所以哲人们便说，"这一刻活着便是永恒"。因此，要深信"我朝天涯走一步，天涯便往后退一步"的道理。由建筑思想家杨总的缅述，想到出版者的文化担当，我以为后来人无法成为"杨永生式"的包罗万象的建筑百科全书式人物，但作为建筑出版人，要有勇气创造属于文化大发展的思潮，尤其要扭转某些不良趋向；要使建筑出版活动在处理好其文化属性与市场属性的同时，彰显建筑人生与创新的轨迹。杨永生作为杰出的建筑思想出版大家，其可贵不仅仅因为他是理性的表达者，还在于他一直认为普通公众也要有对城市、对建筑的表达渠道，压制批评既失风度更失法度。建筑评论要敢于写我心，少些"花腔"，多些风骨。我尤其感到近十载与杨总接触，更看到他公共知识分子的一面，看到他著述的学术转向及走向建筑文化公共话语的脚步。我意识到，每个知识分子都有责任表明立场，发出声音，扬善除恶，我更感到，要使建筑被社会关注，仅有道义感和良知是不够的，最重要的是建筑批评后要有坚实的理论支撑；建筑出版作为各界知识分子所坚持的守先待后、薪烬火传的文化使命，则要留痕在他们所创作的一部部出版物上，因为一旦"言之无文，行而不达"，那么建筑传承的悲剧便会上演。杨永生一直告诫我的还有，现在不少建筑师怕被别人评论，其实真不必，其实批评家与建筑师可以互相照亮对方的。一方面好的建筑师是独特的城市文化与民族记忆的创造者，因此优秀的建筑评论文章对建筑师而言不仅会照亮对方，更可化解天然的"敌对"关系，形成优雅的相互支持的开放式、推荐式合作模式，我们于1993年、2002年先后召开谅解的"建筑与文学"研讨会，杨总说恰恰有一层含义在其中，这是让中国文化界读懂建筑的开始。

建筑天地的智者杨永生，他让我们看到中国建筑是可以获得学术自由的，问题是不仅要兢兢业业，更要树立起勇于批评的神圣责任感。杨永生是见"微"知著，读心有"道"的人，他是我们这些"忘年交"后辈的心灯，因此无论在建筑思想上还是文化共识上，我以为他是盏无法熄灭的"心灯"，其甚为珍贵的建筑学问与文化人生可让我们寻到如下可贵的职业精神，它们不仅有助于学术出版，

也有助于一代建筑学人。

杨永生的建筑思想与精神使他真正形成虚怀若谷的谦逊态度；开放的视野使他善于倾听不同意见，同时拥有自我批评的勇气；他是位永远探索不止的人，他总是能够系统地策划或谈论一件事情，并把它置于一个意义背景中去思考；他是总能将有限的人生与不朽的东西连在一起的大家。他认为：人生的信念应该建立在我们对某种不朽的、超越的东西之领悟上，在追求建筑艺术与创作真谛时领会到其不朽。杨总是如我父辈般的人，可与他交往他更像"大兄长"，他今天虽离我们远去，但他的率真与理想，一点也没有泯灭，所以我和我的一些朋友是立志要做他的传人的，因为他除了真的可敬外，他还是我们喜欢的那种优雅的云游者；昏暗时空里，能抒写心海的清醒诘问者；是可勾画生命跃动的都市漫游者；更是可用深入浅出的语像、跳跃的思维踏破迷雾的时空穿越者……

（中国文物学会传统建筑园林委员会副会长）

2011年12月21日《中国建筑文化遗产》编辑部同人贺杨总八十大寿（摄于杨总家中　摄影／陈鹤）

奥运与后奥运的评说

苗 淼

国际奥委会主席罗格曾说："一旦成为奥运城市，永远都是奥运城市。"毫无疑问，这份荣誉已深深镌刻进包括伦敦在内的 24 个奥运主办城市的发展史中。然而，"荣誉"并不意味着"高枕无忧"。一届奥运会的举办，从筹备初期的举国欢腾，到开幕后的全球瞩目，直至落幕后的回归平淡，每个奥运城市或多或少都承受着"后奥运时代"之痛。奥运会究竟留下了什么？面对数量惊人的奥运遗产，我们是否有能力完全消化？又该如何继承？在这个大命题面前，伦敦似乎想得比其他主办国更明白。伦敦奥组委将可持续发展贯穿于奥运会筹办的始末。六年前申办奥运会时，伦敦就是凭借"奥运遗产"的概念从众多强敌中脱颖而出。

场馆投入并非重点

曾有媒体报道，花在伦敦奥运会上的钱，有超过一半不是用来建造华丽的奥运场馆，而是用来改造奥林匹克公园所在的东伦敦地区的基础设施。对此，伦敦市市长约翰逊颇为自豪地总结：伦敦的奥运物质遗产超越体育本身，因为大量的投入促进了东区"复兴"，为"当地社区带来了最急需的新工作岗位和房屋"，交通变得通畅，投资正源源而来。颇值得一提的是，奥运村的很多住房，将在奥运会后转为公租房。此外，为了兑现"举办一届最环保奥运会"的承诺，伦敦奥运场馆设计的最大特点就是可拆卸和再利用。英国奥林匹克筹建局可持续发展主管 Richard Jackso 先生颇为自豪地介绍说：奥运会主场馆"伦敦碗"特殊的可拆卸式结构，使其就像一个可以组装的模型玩具，未来可依照需求变化多种用途；游泳馆造型设计为一大片海浪，但考虑到座位不够，后来又给"海浪"安上一双"翅膀"，把座位从原来的 2 500 个增加到 1.75 万个。奥运会结束后，3 个大型游泳池将被分割成 5 个规模较小的泳池向公众开放。一双"翅膀"将拆

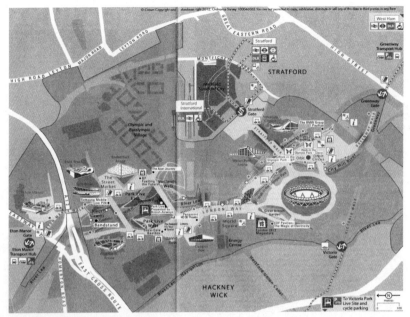

第三十届伦敦奥运会场馆分布图

除后再利用。"我们在建造时尽量使用铆钉，而不是钢筋水泥，以方便场馆的拆卸回收。我们甚至还和下一届奥运会举办地——巴西的里约热内卢联系，问问他们是否需要这些拆除材料。"

精神遗产点燃奥运

奥运遗产除了"物质"还有"精神"。伦敦奥运会的口号"激励一代人"即是对本届奥运会精神遗产的极佳诠释。志愿者展现了他们的奉献精神，运动员展现了他们的拼搏风采，伦敦总体展现了它的开放心态。世界因此欣赏到了奥运带来的精彩和激情，这无疑将成为激励一代人的巨大动力。英国首相卡梅伦就表示，人们通过积极参与奥运会，愿意对社会承担更多责任；而英国健儿取得的上佳成绩，将是给予英国人的巨大精神鼓励。为了让这种遗产得以继承，英国将加大对体育的投入，在未来四年，每年给予优秀运动员1.25亿英镑资金支持。

奥运经济风光不再

说完了精神，就该谈谈经济了。对于奥运城市而言，在奥运期间，由于投资的大幅增加，引起了总需求的增加和就业增长，从而拉动经济的快速增长，这无疑是众多城市争办奥运会的最大动力之一。但伦敦奥运会举办期间，恰逢全球经济衰退浪潮，世界各国都在节衣缩食，再加上伦敦"高高在上"的消费水平，此次奥运会给英国带来的经济遗产看来并没有那么丰厚，有数据为证：奥运期间来伦敦观看比赛及旅游的外国游客有 10 万人，仅仅是以往同期外来游客数量的三分之一，伦敦主要景点的游客数量减少了 35%。在奥运帆船比赛地韦茅斯和波特兰的商户更是表示今夏旅游季的生意是五十年来最差。除此之外，总部位于英国的欧洲最大的支线航空公司、也是英国国内航线市场占有率最高的航空公司福莱比（Flybe）10 日也发布消息，降低 2012—2013 财政年度的销售增长预期，原因之一就是伦敦奥运。

奥运评价褒贬不一

按照惯例，国际奥委会主席罗格在伦敦奥运会闭幕式上，对本届奥运会做出了评价："这是一届充满了快乐和荣耀的奥林匹克运动会。" 回溯历史，2004 年雅典奥运会上，罗格称："作为国际奥委会主席，这一次我真的心满意足。"2008 年北京奥运会，罗格先生用"这是一届真正无与伦比的奥运会"给予了最终评价。相比 28 届、29 届奥运会上的"真情流露"，罗格先生对于本届奥运会的评价似乎渗透出"不够真诚"的味道。的确，本届伦敦奥运会从开幕式的"乌烟瘴气"，到赛事组织的"杂乱无章"，再到比赛中的"乌龙判罚"，无一不让人为伦敦奥组委捏一把冷汗。不过作为东道主，大部分英国人倒是沉浸在奥运会完美谢幕的自我陶醉中，想想也不无道理，正如伦敦奥运会开幕式导演丹尼·博伊尔所言，伦敦奥运会是"一次精彩的人民盛会"，既然是盛会，何必拘泥细枝末节，大家玩儿得开心就好。

国际主流媒体对这场"体育狂想曲"的评价也呈"百花争鸣"之势，或吹捧，或吐槽，或不屑，或期待，但伦敦奥运在大部分国外媒体眼中，尽管瑕疵明显，可依然是成功、值得铭记的体育文化盛事。接下来，就让我们听听来自国际媒体的"奥运之声"吧。

《纽约时报》：尽管存在各种瑕疵和挫折，但奥运会呈现出的不仅有现象级的精彩，还有对灵魂现象级的启迪。奥运会向我们证明，人类的潜力是无限的，人类的灵魂是优秀的。两周的奥运会反复呈现着寓言：当风险摆在面前，迎接它将可能得到巨大奖励，而当你付出牺牲，荣耀很可能就在那遥远的边缘。任何成就都始于一个信念以及那份自信的源泉。

《华盛顿邮报》：英国运动员在本土压力及外界冷嘲热讽的压力下，发挥良好，

马奇温洛克镇奥运博物馆外景（2012年4月19日　摄影／金磊）

第一届伦敦奥运建筑场馆施工现场（2012年4月2……）

成功排名奖牌榜第三名。虽然美国和中国带着更多的金牌回家，但这个国土面积不大的岛国却做到了以小博大，证明了自己惊人的能力。

《悉尼先驱晨报》：本届奥运会集悉尼之活力、雅典之绚烂、北京之高效于一身，博采众长；加上英国的高科技和诙谐演绎，堪称完美。对悉尼来说，可能只是在奥运上超越了自己而已。

《圣何塞信使报》：不是我煽情，但实话实说，我看到人们都尊重彼此的文化，友好交流；也看到了世界顶尖的运动员们的精彩表现。

《洛杉矶时报》：每隔三年，以码字为生的我们有三周会颗粒无收，但却收获了一生获益的经历，它就叫奥运。

《国土报》：虽然没有北京奥运会完美，但伦敦氛围更好，感觉更像纯粹的体育嘉年华。竞赛都很出彩，观众素质很高（即使表现过于爱国），主办方友善、礼让、尽职尽责。

《法兰克福汇报》：近几年，英国人习惯了失败。但这次奥运会的成功，似乎连他们自己都不敢相信。奥运热潮席卷全国，愤世嫉俗的人都变得欢乐了。英国这个移民国家为自己庆祝，更为扭转了几年中不断增加的分裂趋势，再一次成了大一统的联合王国高歌。

《时代周刊》：本届赛事女运动员调整了比赛的航向，并给英国观众们奉献了104 年来最好的一届奥运会。笼罩在伦敦上空的是粉红色，但女选手的成绩可没一丝脂粉味。本届赛事首金来自中国女射击手，英国队第一枚金牌同样来自女选手，一些扣人心弦的故事，也由女性来书写。在首周获得奖牌的 57 个国家中，有将近一半国家的女选手的成绩好于男选手。

《海湾新闻》：伦敦奥运会简直是有史以来最差的一届奥运会了，真的不知道主办方是怎么想的，这比赛简直没法看。分配给记者的房间里没有空调，原因是英国人觉得夏天不太热不需要开空调。房间里面的互联网甚至还不如没有，速度慢得可怜，还几乎每分钟都要断线一次。

（《中国建筑文化遗产》总编辑助理）

为了建筑

法兰克·洛伊·赖特

从根本上讲，自然为建筑主体提供了材料，正是因为有了这些材料，才有我们今天所知道的建筑形式。尽管几个世纪以来，我们的主要努力 就是偏离自然，在书本中寻找灵感，奴性地抓住已经没有生气的形式，它的灵感宝库确是取之不尽、用之不竭的，它所能提供的财富超过了任何人的欲望程度。我知道，如果有人将艺术的起源和自然联系起来的话，人们都会用怀疑的眼神看他。我知道，通常去尝试这种回归都是不明智的，因为从外在、明显的方面来看，自然就是我们平时所说的那种意思，就是我们已经触碰到了的特征。但是，如果深入地看，再没有比理解自然法则更能为艺术提供丰富灵感、对其进行美学方面的帮助的方法了。因为自然不是绘画的好材料，因此也就不适合建筑师——因为自然不是现成的东西。然而，在其显见的形式下，还有一个更为实际的"学校"，在那里人们可以学到一种均衡感，而维尼奥拉和维特鲁维斯总是失败。在这里，他可以发展一种真实感，这在其行业中以作品的形式体现出来，直到建筑师能够超越该领域中现实主义的层次；在这里，他可以从一些情感中获得灵感，但又不会让这些情感发展成为过度感伤，他还将学会更为果断地划分古怪和美丽之间这条苦难的分界线。

对建筑师来说，一种"有机感"是不可或缺的；在这"学校"中，他肯定能够发展自己的这种感受力。对形式和功能之间关系的知识就是他从业的基础；除了在这儿，他还能在哪儿找到自然提供的这种相关课程呢？除了研究树木，他从哪儿可以研究到决定特性的形式之间的不同呢？除了在这个意义上与自然

赖特著作《建筑之梦》书影

打交道，建筑师对艺术作品不可避免的特性的那种感觉如何被训练得更加敏锐呢？

与其他民族的艺术相比，日本艺术更为深入地了解这所"学校"。在日本人的语言中，有很多类似"edaburi"这样的词——这个词若是翻译过来，就是指树枝的造型。英文中就没有这样的词汇，我们还没有足够的文明以这样的词汇进行思考，但是建筑师不仅必须学会这样的思考方式，还应该在这个"学校"中学习丰富自己的词汇表，用和这个词一样意义丰富的有用词汇来对其进行增补。

曾经有七年的时间，我有幸跟着一位伟大的老师和建筑师——在我看来是他的时代中最棒的——学习，他就是路易斯·H.沙利文先生。

原则不是被发明出来的，它们不是由一个人或一个时代凭空创造出来的，但是在原则成为商业性的便利工具、在现今的实际应用中几乎销声匿迹时，沙利文先生对它们的观察和应用却达到了一种启示性的高度。这个行业的艺术性那时其实已经消亡了；在理查森(Richardson)和鲁特(Root)的作品中还能隐约看见一点艺术的痕迹。

阿德勒和沙利文很少有时间设计住宅。推不掉的那些请求就在工作时间之外成为我的任务。因此，大体上来讲，要由我在家居建筑这个领域来开展他们在商业建筑中已经展开的战争。在我自己职业生涯的早期，我发现这是非常孤独的工作。那时很少有同情者，建筑师之中就更没有人对这种工作表示同情了。我非常清楚地记得这"信息"在我胸中燃起了怎样的怒火，我是怎样期盼找到同伴，直到我认识了一些年轻人，我是多么地欢迎他们的到来啊：罗伯特·斯宾塞(Robert Spencer)、麦仑·亨特(Myron Hunt)、德怀特·帕金斯(Dwight Perkins)、阿瑟·赫恩(Arthur Heun)、乔治·迪恩(George Dean)，还有休·卡顿(Hugh Garden)。我肯定，对我们所有人来说，那时都是鼓舞人心的岁月。最近，我们因为太忙而疏于见面，但是已经有人开始谈论"中西部的新流派"，也许某一天这个流派就会真的成为现实存在。为什么不让所有真正艺术的精华也同样成为建筑的"生命"和血液呢？

简约和宁静是衡量任何艺术作品真正价值的因素。但是简约自身却不是目的，也无法独成一面，只有在不和谐因素和其他所有无意义的东西都被清除之后，它才真正成为一种具有优雅美感的整体。野花真的是非常简约的。因此：

(1) 一座建筑应该在满足其兴建需要和人们居住需要的前提下拥有最少数量的房间，建筑师应该坚持化繁为简；然后，应该仔细考虑房间的总体效果，以保证在获取美感的同时，实现舒适感和实用性。除了入口和必要的工作间之外，

位于芝加哥的赖特故居和工作室外景（摄影／金磊）

建筑的底层应该只设置三个房间：客厅、餐厅和厨房，也可以考虑加上一间"社会办公室"；其实只需要有一间房间就够了，那就是客厅，其他用途的小间可以隔开，或是通过建筑手段在客厅中把它们隐藏起来。

(2) 开口应该成为结构和形式不可分割的特征，如果可能的话，应将其作为自然的装饰。

(3) 在人类的缺点之中，对细节的过分喜爱给为数最多的精美事物带来了艺术方面或优雅生活方面的伤害——这非常粗俗，且很难改掉。对很多建筑来说，如果它们没有被做成小巧的舞台布景或绘制布景，就成了简单的概念堆砌、大市场或者旧货商店。装饰是件危险的东西，除非你对它有深刻的了解，并且认为它作为整个计划中很好的组成部分就足够；现在，你最好还是先不要考虑它。仅仅"看上去富有"可不是使用装饰的充分理由。

(4) 像这样的装置和附加物都是不需要的。将它们与所有附属装置一起加入对结构的设计中去吧。

(5) 在更多时候，绘画会损害墙壁的外观，而不是对其进行美化。应将绘画作为具有装饰性质的部分囊括在整个计划当中。

(6) 对真正能让人感到满意的房间来说，大部分或全部家具都是作为原始计划的一部分被纳入其中，应将这些考虑成一个不可分割的整体。

有多少种（风格的）民族，就应该有多少种（风格的）房子；有多少不同的个人，就应该有多少种变化。具有个性的人（谁能什么特点都没有呢？）有权在自己所在的环境中体现这种个性。

一座建筑物看上去应该是从其所在地中自然生成的，如果那里的自然风光很抢眼，但建筑物没有机会被设计成如自然般安静、充实和有机的话，那就应该被塑造得与其周边环境非常和谐。

我们中西部的人民生活在大草原上。草原具有独特的美，我们应该认识到这一点，并突出这种自然的美，体现它静谧的一面。因此，我们才会使用坡度较缓的屋顶、较低的比例、安静的空中轮廓线、较矮的粗烟囱和掩蔽的悬垂结构、较低的阳台以及遮住了私家花园的外伸墙壁。

颜色与天然形状原貌一样需要那种样式化的进程，以便更适于人们的生活环境；因此，应该到森林和田野中去寻找色彩方案。使用大地和秋叶那种柔软、温暖、乐观的色泽吧，而不要用彩带中常见的那些悲观的蓝色、粉色、冷绿色或灰色；自然中的颜色更健康，并且在大多数情况下能够被更好地应用到装饰中去。

凸显材料的特性，使这些特性深深植根于你的计划当中去。让木材摆脱清漆，让它保持原样——让它有机会被弄脏。体现灰泥的自然质地，不要担心它会被弄脏。在你的设计中体现木材、灰泥、砖块或石头的特性；它们天生都非常友好和美丽。当这些自然特性或它们的天性被夸大或漠视的时候，这种处理方式就称不上真的艺术了。

（六）有个性的房屋更容易增值而不是变旧，而追随流行趋势的房屋——无论是何种趋势——马上就会过时、变得陈旧而没有价值。

建筑和人一样，首先要真诚、要真实，然后还要尽量做到亲切和让人喜欢。

无论如何要做到正直。机器是我们文明使用的正常工具，把它有能力做好的工作交给它——没有什么比这更重要了。这个过程就是将新的工业理念加以整合，我们太需要这种整合了。

这些主张之所以有趣，是因为由于某种奇怪的理由，当我们在比较恶劣的形势下对它们加以整合的时候，它们显得非常新颖，也因为它们体现的理念已经体现在实际的建筑当中，而这些建筑的宗旨就是符合这些理念。近些年的建筑不仅符合这些主张的要求，甚至在很多情况下对当时主张的简单内容做出了进一步的发展。

让人高兴的是，现在，这些理念已经非常普遍了。那时，我们国内建筑的空中轮廓线都是一些怪胎，失真的屋顶平面的混乱特征折磨着它，而屋顶升起的醒目的烟囱就像嶙峋的手指威胁着天空；同样很高的房屋内部被分割成盒子样的小隔间，隔间越多就代表着房子越好；"建筑"的作用就相当于弥合墙面上那些千奇百怪的洞口，这些洞口有的是为了进空气，有的是为了进光，有的则是为了房屋居住者进出。房子内部则毁在旧式基座和三角木的那些粗大端头和斜线上，最终为可怕的布料装饰所窒息。

早期的岁月中有很多磨难，现在回忆起来简直有些怪异。工匠们很少愿意思考，特别是可能会带来财政上的冒险时更是如此；你如果从精神上或技术上扰乱了他们已有的规矩，那么就是给自己找麻烦。使用不同寻常的方式做事，哪怕这方式更好、更简单，也只会马上让情况变得更复杂。那时，在任何工业领域，简单的东西都不存在。没有雕刻花纹的木头是不寻常的；采用简单的木质板条而不是转动的扶手则更是个笑话；不使用销路正好的格子窗等于犯罪；更没有朴素的布料可以用来制作挂帘或地毯。

和已经建立起的工业秩序公开作对，可不是件轻松的事情，比如我的一组设计图被送去让芝加哥的一位轧钢工人做样，他本来非常情愿地打开了画卷，但一看到建筑师的名字，他就摇摇头，把图样送回来，并说他"可不想惹麻烦"；聪明的业主和大多数承包商都试图将我的名字隐去，但是没有用，工人像老鼠一样具有洞察力，他已经知道了我的"行事风格"。因此，除了为所有建筑和收尾过程中任何微小事物所需的一切进行特殊准备外，我还必须准备特殊的详尽图样，只是为了指出哪些地方不必处理。不仅我要为所有部分进行精密的设计，承包商们还要进行数量调查以及安排工厂工作的时间表。一两年之内，建筑师就会意识到：美国建筑师学会"规定"的、他所得的薪金都是因为他能提供一些已有的、有销路的东西，而他们根本不会为他出于良心所设计的那些图纸支付任何费用。

从艺术的任何意义上来说，建筑师与其所处时代的经济和工业运动都是严重脱节的，没有人能够轻松地缓和这种情况。所有人都承认产生了一些问题，除非建筑师成为计划工厂（plan factory）的大亨、将他的艺术下降到"旧衣"哲学的水平、以商业的镇定自若和社会身份出售不合适的"既成"的物件，他是永远无法通过普通作业所建立的基础取得成功的。因此，除了一个已经非常复杂的大环境外，勇于找上门来的顾客们还要面临一笔由于必要理由而高涨的费用。但是还是有些人偏向虎山行，我们可以看到很多例子。

这种争斗无论是在那时还是现在，都足以将"好的建筑"变成一笔好买卖。也许以下这个例子很有意义：过去很难通过任何条件为这些房子获取建筑贷款，而现在获取条件高于普通水平的贷款非常容易；但是只有这些建筑的业主能够证明这种雄心取得了多大程度的成功。他们经历了很多困难，但我相信，他们中的每一个人都认为自己和自己的邻居一样在房子上花钱花得值，他们的房屋里有些东西本身非常名贵，并且终其一生也不会过时，这些都稳步地增加了他们作为个人的尊严和快乐。

装饰领域的趋势是：人们越来越少地利用各种装饰，在很多情况下仅仅为自然的叶子或花朵提供某些建筑上的准备，就像我们在斯普林菲尔德劳伦斯住宅的入口处所见到的设计一样。在所有的设计中，这种使用自然花草进行装饰的方法比较流行，尽管这些建筑没有这些花朵也已经很完整了，它们可以说是随着季节在"盛开"着。建筑物所有的那种装饰已经得到了相当程度的样式化，不仅显得安静无声，成为它所模仿的自然形式的纯粹陪衬，必须与那些形式紧密地联系在一起，而且永远属于表面的一部分，而不是在建筑上面。

窗子通常使用平面的直线图案加以装饰，且这种装饰通常很刻板。这种设计考虑到了建筑中使用的玻璃以及金属条的特性，它们被当做中间嵌有玻璃的金属"格架"处理，将直线和方格进行简单的、有节奏的组合，为了不显得很突兀而尽可能做到灵巧处理。其目的在于，这种设计应该对用来生产它们的技术发明进行最好的利用。

总体来讲，装饰被深深植入结构的脉络之中。从最好的意义上讲，它是与结构相匹配的，这可以从平面图中被感知到。要将创作中的这个因素解释清楚，需要很长的篇幅，并且会让读者感到厌烦，尽管对我来说这是工作中最为吸引人的部分，充满了创作的真正诗意。

在对一座建筑物的阐述中，最具特征的就是将某种单独的、简单的形式区分出来的过程。也许一种形式可以服务于另外一种不同的形式，但在任何情况下，所有设计的形式因素都是从一个基本的理念而来的，在规模和特性方面结合得很好。被选中的形式可能外表非常光鲜，像托马斯宅一样，仿佛一朵花儿迎着天空开放；另一种形式可能不确定地、很唐突地强调着什么，或者它的含义可以从曾吸引了我的某种植物中演绎出来，比如斯普林菲尔德劳伦斯宅所使用的、某些具有漆树线条和形式特征的设计；但是在所有的例子中，主题都得到了严格的遵守，因此如果说，从美学上讲，每座建筑都是同出一辙，并且一直作为一个整体而存在，我想也不为过吧。

从艺术的角度看，这些设计都像自然植物一样成长，每种设计的个性都是不可或缺的一部分，都在技术、时间、力量和环境所允许的范围内做到了最完整。这方法本身并不一定能带来一座美丽的建筑，但它确实提供了一个可以作为基础的框架，而这个框架有着有机的完整性，非常易受建筑师想象力的影响，可以供他应用自己所有的、自然提供的艺术灵感，并保证他受到一种原则的指导，在其指导下，建筑师永远也不会变得虚伪、不协调，或是缺乏理性的主题。敏锐、不断变化混合的和谐、节奏，还有那些细微差别就是形成他自身性格、自身敏感性和感官的因素。

但是，建筑师被迫自我克制，并且其程度比艺术大家庭中的任何其他成员都要高。总是有很大的诱惑让他将工作做得非常美好、将其作品中每个细节都设计得非常可爱并具有表现力；但是最迫切的一点其实是，整个作品可以真正地表现出它最终的功能。牺牲这个最终的宗旨，而使自己个人的因素熠熠发光，这对建筑师来说就是背叛了别人的信任，因为建筑就是为其内部人们生活和其外部自然美景而设计的背景或框架。因此，建筑最能体现样式化，在所有艺术形式中，建筑是除了音乐之外最为主观的形式。可以说，音乐永远是建筑师的富有同情心的朋友，他可以从中获取忠告、训诫，甚至样式，并在引用这些的时候不需要感到畏惧。但在今天，艺术受到了文学的诅咒。艺术家甚至想将音乐处理成文字，他们通常这样对待绘画和雕塑，毫无疑问，如果建筑这门艺术不是已经奄奄一息了的话，他们也会这样对待建筑。但是，当这样的处理发生时，事物的灵魂就消逝了，我们失去了艺术，换来了远在其之下的一些东西，而对这些东西，真正的艺术家是不会眷恋或尊敬的。（节选）

赖特和他的学生们

法兰克·洛伊·赖特（Frank Lloyd Wright, 1867-1959），举世公认的20世纪伟大的建筑师、艺术家和思想家，现代建筑的创始人，和勒·柯布西耶、密斯·凡·德罗、格罗皮乌斯并列为世界四大建筑师，被誉为当代建筑界的先驱之一。同时，赖特是20世纪建筑界的浪漫主义者和田园诗人。他的草原风格成为20世纪美国住宅建筑设计的基础。他设计的作品以对本质的深刻理解和形式与细节的相互烘托为主旨。他看到自然界的结构存在着类似的关系，因而他的作品被称为"有机建筑"。

编者按：2012 年是我国著名建筑学前辈华揽洪（1912—）、张开济（1912—2006 年）、张玉泉（1912—2004 年）的百年诞辰，本刊特别发表三位前辈的学术论文，希望读者能从中领悟到"重读"的魅力。

"文革"对建筑和城市规划的影响

华揽洪

关于建筑

建筑极左路线在建筑领域中的表现之一（在城市规划领域也有影响）就是将"节约"这一概念极端化。

在"文化大革命"正式发动前，1966 年 3 月，中国建筑学会第四届代表大会及学术会议在延安召开。会议突出政治，总结了设计革命的经验，讨论贯彻大庆"干打垒"精神的问题，交流了低规格住宅和宿舍设计的经验。其核心议题是"通过技术革新实现建筑上的节约"。

各地在使用和革新当地技术、合理地因地制宜地利用当地材料（节省了大量的运输费用）方面取得了显著的成绩，但还有不少问题尚未探讨或探讨得不够。所以大会强调大庆的"干打垒"，并不是让各地简单效仿这种土坯墙，而是为了表彰其设计者的思想，是为了鼓励革新精神。这样做是出于当时中国的特殊国情，为的是用最经济的办法盖房，而不是因此置建筑的结实程度和住户的舒适度于不顾。

"通过革新来实现舒适和经济。"这句口号中有三个关键词，搞"极左"的人只记住了经济这个词。他们的办法倒是简便易行：缩减建筑的尺寸、减小墙的厚度、取消楼板的隔音作用，这也不是什么难事。

因此出现了很多质量很差的建筑，以致后来的修缮费抵消了当年省下的钱。

《重建中国城市规划三十年（1949–1979）》
书影

宣传这种不良倾向的人希望"经济型"建筑遍地开花，不少地方的领导极力抵制这种蛊惑人心的做法，但抵制的结果往往是丢了自己的乌纱帽。

这种政策在城市规划上产生了两个后果。首先这些"超经济"的房子到处乱建，全然不顾楼房间隔和高度等方面的规定，如遇有人提醒，"造反派"马上就会冲进有关领导的办公室，紧接着铺天盖地的大字报就会贴满楼道和院子。其次，不少街区的公共设施，在数量和质量等方面都采用了这种"从简"的办法。但凡是在领导顶住压力又没有被赶下台的地方，建筑和城市规划上的损失就小一些。比如在"文化大革命"期间设计和兴建的首都体育馆（1968 年 3 月完工）无论在功能上还是美观上都很成功，建筑费用也相当低廉，没有使用一平方米的大理石或石头镶面。

"极左"路线的另一个典型特征是到处鼓吹采用所谓的"超快设计"的办法。有一段时间，特别是 1958 年，我们不得不采用"边设计边施工"的方式，这种方式乍一看很荒谬，因为在实现某个工程项目之前，如果没有一个明确的想法，没有设计图纸，做任何事都是不可能的。但实际上，这个口号的意思只是说不用等设计全部完成就可以开工，细部的研究设计可以在施工的过程中进行。这种不正常的办法在多数情况下导致了严重的浪费，但有时候由于某种政治原因或其他原因又不得不这样做，必须在最短的期限内完工。北京的十大建筑中，有些项目就出现了这种问题。有些工厂也是遵照这种原则建立起来的。由于它们很快投入生产，所得到的收益弥补了超速建设和前后倒置的程序所带来的损失。但这种只在特殊情况下才行得通的做法被"极左"派打着破除旧习惯势力的借口当做普遍真理来推行。这种做法不仅导致了很多令人失望的工程，而且在某些建筑单位形成了一种不良倾向，就是在确定设计任务之前犹豫不决，但决定一旦做出，就马上动工，把前期准备和仔细研究的时间都看做是次要的。搞"极左"的人有一块无往不利的挡箭牌，那就是人们常说的："只要以毛泽东思想作武器就没有办不成的事。"如果没有出现奇迹，就通过夸大数字或某种修饰让它们变成奇迹。所有曾经在1958年和1959年出现过的负面现象又发生了，并且被"造反派"或操纵这些人的领导者加以扩大。

当时还有一个口号是"就地设计"，通常还要加上"走下台阶走出研究所"。这里人们又把一些在某种情况下可行甚至很好的原则不切实际地加以推广。

"文革"以前，尤其是1958年和1959年，一些建筑设计师和工程师在工作上有种坏习惯，就是在房间里搞设计而不搞深入的调查研究，在设计过程中不听取建设者的意见，在施工阶段也很少下工地。针对这个问题，我们在实现好多项目，特别是工业项目的过程中，采取了一些很有意义的措施。

一个例子是北京郊区房山一座大型石化企业的几项扩建工程。一批建筑设计师和工程师被派到当地，他们住在工地几个星期，了解了各种生产工艺，了解了已有设施的情况，并和有关的工程师、工人一起分析探讨优缺点。在这些资料的基础上，他们就地绘出了几个设计方案草图并与主管部门讨论，然后回城把一些方案交给负责有关地区城市规划的领导。

经过共同协商，设计方案被确定下来。工作队再回到当地和未来的使用者、建筑单位派来的代表（中国当时还没有招投标制度，建筑单位都是指定的）一起确定施工方案。这样，投资者、用户、规划师、建设单位从始至终跟踪了整个设计方案制定的每一个步骤，结果建筑许可证的颁发只是一个简单易行的手续问题。

这种在工地制定施工设计方案的工作方法确实产生了很好的结果，但总是在非常特殊的条件下才可行。有的时候，这种方法可能会变得十分荒谬。而搞"极左"路线的人却要把它推广到所有地方，哪怕是一块荒地。这引起了很多建筑师和工程师的反感，带着图板到荆棘丛中安营扎寨有什么好处呢？结果他们被说成是墨守成规、贪图安逸享乐。但经历了一系列的失败之后，这种新教条式的改革最终还是被抛弃了。

但这些经验积极的一面如果运用得当，倒是可以在今后保持和发扬下去。

我们再来看一个例子。这里要提的工作方法本来是个好主意，但后来却走了样，变得十分荒唐。这就是把20世纪60年代工厂里倡导的干部、技术人员和工人的"三结合"推广到建筑领域去。有了这三方面的协作，先考虑实用，其次考虑经济，再次考虑美观的原则可以得到很好的贯彻。根据这一原则，建筑师和工程师在配合建筑工人、技术员的基础上完成设计工作，并交由这些人实现。这本来是件很好的事，只要保证工程方案由设计人员来做（这本来也是他们的工作），哪怕方案设计的每个阶段都邀请有关各方（尤其是用户）

1999 年 7 月华揽洪总建筑师与何玉如大师（摄影／金磊）

参与讨论呢。但是在当时"工人主义"的影响下，这个口号变为"以工人为主的三结合"，设计工作交由工人来完成。严格执行起来，这个办法就意味着铅笔、图板和计算尺都要交给他们，工程师和建筑师则去搬砖和浇灌混凝土。这种做法如此荒谬，以致工人首先起来反对，结果很快地销声匿迹了。

关于城市规划

城市规划这方面的情况很简单。"造反派"们全盘否定了到那时为止的一切成就。他们在许多大字报上说，15 年来完成的所有城市规划图都是"修正主义"城市的蹩脚复制品，其主要作用是加大城乡之间、工农之间的差距，是给资本主义铺路。在他们看来，这是符合逻辑的，因为他们认为主持了这些规划的党的各级领导都是"走资本主义道路的当权派"。

这些大字报虽然很长，但主要是摘抄自毛主席语录，并夹杂着对"反革命修正主义者"和"牛鬼蛇神"们的谩骂和批判，要想找到些别的内容还真不容易。词语的海洋中偶尔能碰到几个含混的城市规划概念。

从分组讨论中倒可以了解比较具体的东西，主要是通过几个有所悔改的城市规划师的发言。他们争先恐后地忙着自我悔过。但城市规划里到底什么是"资本主义的"，什么是"修正主义的"呢？答案清楚明了：他们设计的房子太高了（四层），马路太宽了，公园太大了，而且都是供新的特权阶级享乐用的。另一些人的自我批评没有多激扬动听的词句，却有一定的根据。比如，对小城市的创建没有给予足够的重视；一些新兴工业城市，如西安、兰州，发展得太快了；由于缺少地区性规划，没能实现城市和乡村的协调规划；住房的标准设计缺少灵活性，不适宜日后的改建。

（曾任北京市建筑设计研究院总建筑师）

城市现代化≠建筑高层化+玻璃幕墙

——物质文明+精神文明建设

张开济

改革开放以来，我国的经济建设飞速发展，建筑事业空前发达，全国各地都在大兴土木。建筑设计工作者成了争取的对象，建筑系成了报考大学的热门。作为一个已从业60余年的建筑师，回忆昨日，对比今朝，衷心喜悦，自不待言。可是在城市建设中有一个趋向，却引起我的疑虑和不安。那就是长期以来，全国许多城市，包括中小城市都在大建高层建筑，而且越建越高。

杭州是全国闻名的风景城市。为了与它的湖光山色相协调，本应该严格控制建筑高度，可是却在市区中心地带建造了一座高达100多米的大量采用玻璃幕墙的塔式高楼。它的外形更是十分新奇，结果广大杭州市民用了下面四句话来形容他们的市政府大楼，"削尖脑袋，挖空心思，两面三刀，邪门歪道"。最近，我又在报上看到一条消息，说福州将要建造一座88层的高楼。建成以后，它将是福建省第一座、全国第三座超高型的"摩天大楼"。其工程总投资为20多亿元人民币，总面积为39万平方米，主楼高306米，由金银两色玻璃幕墙组合而成……这个工程的规模由此可见一斑。由于我没有看到它的设计图纸，我对此不敢妄加评论。不过从那篇消息的标题来看，这个工程目的倒是十分明确，那就是它将是该城市的一座"跨世纪的标志性建筑"。对此我不禁要问：这项规模如此浩大，耗资如此巨大的工程，其实际用途是什么？它的经济效益又如何？它的可行性分析是否经过充分论证？

若干年前我曾去过云南丽江，当地的湖光山色和极富民族特色的建筑风貌给我留下了深刻的印象。前几年得知丽江古城已被联合国教科文组织列为"世界文化遗产"。1996年又得悉丽江地区遭受严重地震。我为之一则以喜，一则以忧。最近在电视上报道的江泽民同志视察丽江地区的新闻中，看到了江主席访问当地农家，和他们全家老小亲切交谈的情景，又看到丽江震后重建家园的工作做得非常到位，依旧青砖白墙，小巷流水，完全恢复了原来的古城风貌，更加感到十分亲切和欣慰。出乎意料的是，在这一组如画的镜头

2002年4月29日张开济大师在苏州（摄影/李沉）

中间竟出现了一张新建的白色高层塔式建筑的照片，估计应是当地政府的办公楼，因为楼前有许多干部在那里合影留念。我虽然知道近十年中，大建高层建筑之风已吹遍全国各地，可是风势如此强劲，居然吹到了远在边疆的少数民族地区，并且深入风景如画的"世界文化遗产"的古城，这使我触目惊心。我不知道联合国教科文组织看了这张照片有何反应，我也不知道这股歪风还将吹多久。我担心的是即使有朝一日"风平浪静"，全国许多城市却已经面目全非了，我们又将如何向我们的子孙后代交代？

建筑设计本应考虑三个效益，那就是经济效益、环境效益和社会效益。高层建筑由于造价昂贵，经济效益当然是个问题。环境效益更成问题，因为它往往破坏了一个城市，尤其是中小城市原有的建筑尺度和城市风貌。它的社会效益也待考证。数月前，我还在报上看了一条消息，说国内某城市的领导拟在该市的中心地点建造一座高楼，可是由于广大群众的反对，大楼拖了两年之久未能正式动工，结果徒然在市区内留下一个由于开掘地基而形成的大坑。从报上所附照片来看，该坑已经成为一个超大型的污水池了，它的社会效益也就可想而知了。19 世纪末出现的高层建筑本是城市建设用地日益紧张和现代工程技术高度发达所促成的产品。它虽然有利于节约用地，同时也有不少缺点，首先是大大增加了建筑造价，包括结构、设备的造价，日常维护费用和能源消耗等；此外还带来了消防方面的困难和城市交通的拥挤。

我以为现在国内许多城市大建高楼并不都是为了节约建设用地，而是由于有些领导人错误地认为高层建筑是城市现代化的一个标志，因此总想在自己的任期内建成一些高楼来显示自己的"政绩"。其实高层建筑在西方早已成了一个失败的教训。有个法国建筑师就曾劝告我们："殷切期望北京市在城市建设规划中避免巴黎在建设中的过失。"我体会这位法国同行所说的过失就是指 20 世纪 70 年代巴黎市内蒙巴那斯地区建造了一幢美国式的摩天大楼，结果巴黎市民认为这幢楼破坏了巴黎原来的风貌，纷纷加以指责。结果当时的巴黎市长，也就是后来的总统希拉克从善如流，就从此禁止在巴黎市区建造高楼了。另一位曾在我国长期工作过的英国记者则说："在实现现代化的进程中，中国主张向外学习。但是遗憾的是，中国并没有吸取西方高层建筑的痛苦教训，却是在重蹈覆辙，中国与其说非常需要高层建筑，不如说愿意使之成为地位的象征。恰恰相反，她把西方最坏的东西搬来加以模仿。"这位记者的话说得比较尖锐，不过可能倒是"逆耳的忠言"。

实际上绝大多数世界名城也并不像我们有些人想象的那样高楼林立。例如北欧各国是世界上最富裕、国民福利待遇最高的国家。我曾访问过瑞典，除了在首都斯德哥尔摩看到一组早年建造的板式高楼外，在其他城市看不到什么高楼。我的儿子最近两次去丹麦的首都哥本哈根，他回来说在那里看不到什么高楼，最高的一座楼也仅12层高！现在世界上许多城市都在严格控制高层建筑，前两年连越南的首都河内也明令宣布要把市内建筑高度限制在12层以内。此外大面积的玻璃幕墙由于会产生光污染，现在国内已很少有人用了，可是福州却正在把"摩天大楼 + 玻璃幕墙"的建筑作为它的"跨世纪的标志性建筑"，其结果是超前于时代还是落后于时代？值得研究。

福州的"摩天大楼"在全国的高楼中的确是一个比较突出的例子，要不然也当不上全国第三。不过它却并不是一个孤立的例子。现在看来，我国各城市之间的"高楼竞赛"正在愈演愈烈，方兴未艾。我真担心，长此以往，不仅将浪费数量惊人的财力和物力，而且还会严重损坏国内各城市原有的尺度、风貌和特色，从而影响到整个国家对外的形象。其后果不仅贻笑外人，而且将来也愧对子孙。思念及此，不禁忧心如焚。

我国拥有非常悠久的历史和文化，今天的经济建设突飞猛进，国际地位蒸蒸日上。城市建设理应同步前进，因此必须坚持勤俭建国，反对铺张浪费，坚持因地因时制宜，反对一味贪大求洋，此外更应尽量保持各个城市的风貌特色，避免"千城一面"，从而把我国的城市都建设得更加美好，更现代化，更能反映我国丰富多彩的文化传统。

大家可能要问，既然高层建筑并不是城市现代化的标志，那么什么才是呢？或者换句话说，现代化的城市又必须具备哪些条件呢？城市现代化不应该只是一个空洞的口号，应该有具体的内容。根据我所收集到的资料，一个现代化城市的条件包括下列的五个"高"。

（1）高效能的城市基础设施。即由高质量的道路桥梁、上下水道、电力电信、煤气热力和园林绿化等构成的高效能的城市基础设施体系。

（2）高质量的生态环境。即由良好的大气水体环境、绿化环境、卫生环境、居住生活环境、工作环境、景观环境等统一构成的高质量的城市生态环境。

（3）高水平的城市管理。即由完善的规划管理、建设管理、道路交通管理、环境卫生管理、市场管理、居住区物业管理、环境综合治理等多渠道管理统一构成的高效率、高水平的城市综合管理体系。

（4）高度社会化的分工协作。即在社会生产力不断发展的基础上形成的相互关联、互补的高度专业化的社会分工协作体系。

（5）高度的精神文明。包括高水平的文化体系和教育体系、良好的道德风尚和社会风气、较高的文化素质等。

上述五个"高"有些可能出乎人们的意料。人们所想到的一些内容并没有被包含，而有些没有想到的却包括在内。前者比如高层建筑，后者比如高度的精神文明。这是因为我们长期以来，习惯于把城市现代化建设完全看做是物质文明建设，忽视了精神文明在城市现代化建设中的地位。而实际上，缺乏高度的精神文明，一个城市的物质建设再现代化，也不能算是一座真正的现代化城市，更谈不上是一座历史文化名城了。所以一个城市的现代化建设归根到底还是落实在它的市民身上。《北京日报》上登载过一篇德国柏林市长的文章，其中有这样一段话："一个城市的兴盛和风格很少取决于她的外貌，而是取决于市民的克制、团结和忍让宽容。一个城市的性格就是所有市民的性格。"此话出于另一个世界知名历史文化名城的市长之口，想必是他的亲身体验，值得重视。所以，我们在建设高度的物质文明的同时，绝对不能忽视精神文明建设，不能忽视市民文化素质的提高。

（全国工程勘察设计大师，曾任北京市建筑设计研究院顾问、总建筑师）

"中大"前后追忆

张玉泉

我1912年10月8日生于四川荣县。我的父母在县中学执教30余年,辛劳成疾,不到50岁就都离开了人世。四川省教育厅曾赠送给他们匾额,题有"诲人不倦"4个字,以示表彰。遗我兄妹4人,由于教育有方,读书都很勤奋。父母双亡时,我仅十三四岁,由3位兄长抚养成人。我趁二哥张文成在重庆工作,就去重庆考上了省立第二女子师范学校附中就读。1930年,大哥张競成由亲友赞助在唐山交大毕业后,到南京工务局工作。这时我正好高中毕业,就只身赴南京,考上了中央大学工学院建筑系。

中大建筑系创建于1927年,前几班人数较少。我这班有男生3名,即朱栋、王虹、张家德,女生3人,即于均祥、吴若瑾和我(建筑系开始有女生)。"九一八"事变后,东北大学建筑系同学迁入关内,在清华大学土木系借读。当时清华无建筑系,遂于1932年春,建筑系的唐璞、林宣、费康、曾子泉、张镈等5人转入中大建筑系借读,因此我班的人数增至11人了。

"重大"建筑系的恩师们

刘福泰系主任,广东人,毕业于美国俄勒冈州大学。他建筑专业造诣很深,曾在北京国立图书馆的国际性设计竞赛中得二等奖。他教都市计划,理论与实践并重,和蔼可亲,平易近人。

刘士能(敦桢),湖南人。其1921年毕业于东京高等工业学校建筑科,1931年加入中国营造学社任校理,1932年任学社文献部主任。他对古代建筑和园林均做过实地考察。他教"中国营造法"、"中国建筑学"和"透视"等,讲课深入浅出,十分透彻。

刘既漂,广东人,是法国"美专"的留学生。他有自己的建筑事务所,在中大兼课。他曾承担"国际博览会"的建馆设计,是"西而新"派。他教"内

张玉泉在地质学院女儿的集体宿舍中作画（提供／费麟）

部装饰"，待人热忱，善于交往社会名流。我和费康毕业结婚后的工作，他帮忙不少。

虞炳烈（伟成），江苏无锡人，1929年毕业于法国国立里昂建筑专门学校，1931—1933年在巴黎大学都市计划学院深造，是法国国授建筑师，并获该学会最优学位奖牌及奖金。其1933年夏回国任教授于中大建筑系，教建筑设计，曾设计南京国民政府办公楼和国民大会堂，他很谦虚，从不动手给学生改图，只说"很好"。

贝季眉（寿同），江苏吴县人，毕业于柏林工业大学建筑学专业。其1930—1932年在中大建筑系任教授，在中大学潮时离去。他曾设计北京欧美同学会建筑。他教建筑初步及建筑画，他严格要求学生把"五柱式"学好。他的叔孙贝聿铭，是世界著名的美籍华裔建筑师。

谭垣，广东中山县人，曾在美国宾夕法尼亚大学建筑系获学士学位。其回国后在上海范文照建筑师事务所工作，1931年兼任中大建筑系教授。他教建筑设计，执教很严，心直口快，重视立面的推敲、比例的调和、体量的平衡、虚实的对比、光影的效果、横竖线条的配合、色彩的选择以及用材的质感等。

鲍鼎（祝遐），又名宏爽，湖北蒲圻市东州人。他在美国伊利诺大学建筑系获学士学位。其1933年任中大建筑系教授。他教营造法和中国建筑史，为人正派，不多言语。他常说建筑师最要紧的是为人正派，不能做外国建筑师的随从。

李毅士（祖鸿），江苏人，其留英学水彩画，曾以水彩绘白居易的《长恨歌》60幅。他教我们识别彩色及配色原理、技法等。他常带我们出去对历史文化建筑写生，以提高民族意识。他对学生认真指导，并画给我们看，对学生要求严格，一丝不苟。

人体素描课在美术系上，由徐悲鸿教授亲自执教。当时他是中大美术系主任。中大建筑系的教授们都是留英、美、德、日、法的。他们都能团结一致，为祖国培养建筑事业人才。他们教学生设计要形式与功能结合，理论与实践并重。他们还制作古典建筑的模型和各种建筑材料的样品，以供学生们参考，并购买许多中外建筑图书杂志等，以供学生们阅读。

当时系里的助教有：张镛森（至刚）、戴志昂、孙青羊、濮齐材等。

我在中大建筑系四年的学习，承恩师们的谆谆教导，使我后来在祖国建设中能应付自如，做出力所能及的一些成绩，这和恩师们的教导是分不开的。每想至此，犹生不胜感激之情。

"中大"抗日学潮和课外活动

1931 年"九一八"事变后，中大同学非常气愤，要求政府立即抗日。于是组织大游行，砸《中央日报》馆，打外交官王正廷等，并去国民政府请愿，要求政府北上抗日。当我们到达国民政府大礼堂时，于右任先出来答话，大家不满意，要蒋介石亲自出来答话。他刚一出来，眼睛向台下一扫，两旁站满了宪兵，大家鸦雀无声，静听"训话"："同学们好好读书，不要问政事，国家大事由政府来承担，来解决，我们不是不抗日，是时机还没有成熟，等准备好了，当然会抗日的……"哪知政府表面上劝慰学生，而背地里却镇压学生。1932 年中大同学曾罢课示威，政府遂下令解散中大。两个月后，忽然听说中大将实行甄别考试复课。所谓的甄别考试，竟是把带头闹学潮的同学开除了事。

我在大学一二年级的时候，同宿舍的都是体育系的同学，他们天天早起练跑、跳高，我也和她们一起练。后来在中大全校春季运动会上，我得了百米赛跑第二名，当时体育教员认为我跑得快、跳得高，把我选入校篮球队。当时领队的是陈穆，他曾带我们去上海参加江南八大校的比赛。

大学四年毕业班，曾组织去北平参观学习，当时梁思成先生是营造学社的法式部主任，他对古建筑都亲自测量，不辞辛苦，曾编有《清式营造则例》。他在古建筑调查报告中著有一篇题为《蓟县独乐寺山门考》的文章。他和夫人林徽因带我们去独乐寺现场参观讲解，使我们受益匪浅。

1934—1942 年工作回顾

从中大建筑系毕业后，我与同班同学费康在上海结婚。婚后应刘既漂老师之邀，前往广州他的建筑事务所工作。1935 年生麟儿，我在产假中，不但没有扣工资，反而发我双薪以贺。1937 年发生"七七"事变，费康认为，国家兴亡，匹夫有责，遂搜集、整理英、法、德、日等国有关炮台、飞机种类和型号，各种炸弹对不同建筑材料的破坏程度以及战时各种防空设备、医院、住宅的规划和设计的资料等编写成《国防工程》一书，深受有关专业人士重视。我的大哥张兢成原在唐山交大的同学葛天回，是广西梧州广西大学的教授，他听说费康在写《国防工程》一书，遂来信邀请费康去广西大学教"国防工程"。于是，我们就去了梧州广西大学。这时，费康教国防工程，我就为该校设计些住宅、宿舍和空防设施类。1938年春生琪女。初夏费康父亲在上海病逝。暑假，我们回上海省亲。时值盛暑，所带衣物很简单，返时途经香港，因抗日，虎门被封锁，在香港亲友家等了3个月，虎门还不开放，遂返回上海。不久，听说梧州失守。我们在梧州的所有书籍、衣物等全部遗失。这时身边的财产，只有3岁的麟儿和几个月的琪女。这种损失，完全是日本侵华造成的，不胜仇恨之至！

回到上海，接家兄张兢成自四川成都来电，约我们去成都工作。当时长江被封锁，去四川要由海防绕道入川，费康母亲认为路途遥远，拖儿带女，冒很大风险，很不值得，不让走，只好作罢。

这时费康的长兄费穆，是上海联华影片公司的编导，他正在拍电影《孔夫子》。我们参加了该片的考古工作，任考古艺术顾问，并为《孔夫子》特刊绘制了一个彩色封面。费穆交际较广，曾为我们介绍了一些改建、扩建及装修工程，如卡尔登大戏院、金谷饭店、标准味粉厂和新星药厂等。当时我们还未成立建筑事务所，向上海工务局申请开业执照，是凭我们大学毕业后的工作业绩和实业部发的技师执照申请。

刘既漂老师自广州迁沪，建议我们创办建筑事务所。于是我们于1941年创立大地事务所。他介绍我们参加上海蒲石路住宅区设计比赛。当时我们经过实地勘察，搜集有关资料，设计出12栋花园洋房的蒲园方案去投标，结果中标了。大地建筑师事务所当时共事的技术人员，多数是由顾鹏程工程公司转过来的，如负责建筑设计的有陈登鳌，负责施工现场管理的有沈祥森，负责经济预算的有胡廉葆等。这时张开济同学也来大地助一臂之力，当主任建筑师。1942年底"蒲园"工程交工验收后即销售一空，开发商获得极好的经济效益，十分满意。刘既漂老师也买了一栋自居。

正在事务所工作繁忙之际，费康染上了当时肆虐上海的白喉恶疾。因其心脏不好，不能注射血清，为解决呼吸困难的问题，遵医嘱动手术。1942年12月27日上午手术，下午不幸在上海宏仁医院逝世。从发病至逝世只三天，年仅31岁。时麟儿七岁，琪女四岁，能不哀哉！当时繁重的业务，都压到我肩上来。在哀痛之余，把血泪凝成力量，把悲愤化成武器，只有忍痛继续冲锋！由于日夜辛劳，我得了胃溃疡，十余年才好。

1941年太平洋战争爆发后，上海处于敌伪时期。当时最头痛的有以下几点：

① 申请建筑执照不容易，不花小费，可以几个月发不下来。

② 物价直线上涨，工程造价不易准确，故在设计工程估价时，预先把涨风加上几成。

③ 现钞奇缺，特别在月底发工资时，向银行取款要花百分之十的贴现，才能得到现钞。

④ 和内地通信较多的人，往往会受到日本宪兵的刁难，甚至请你去保甲处问话。某些邮差也会敲你竹杠。

总之，在这段敌伪时期，完全是非人的世界，有如漫漫长夜。每个人都渴望早些天亮！当时我虽然住在法租界，有一晚由于灯火管制，我因工作开灯了，被日本宪兵传去问话。我说，我是建筑师，他们才把我放了。直到1945年，日本终于无条件投降了，我的工作也才走上正轨。在工作之余，我还去上海画家唐云办的"天风画社"学国画，以遣余生。曾有诗云：

> 国难家愁事事休，天风社里解烦忧。
> 诗词书画殷勤习，抚养双雏且暂留。

2000年5月于北京

（中国第一代女建筑师，原华东建筑公司建筑工程师）

再问中国现代建筑史

杨永生

《建筑创作》杂志在2007年第二期上发表了我写的《十问中国现代建筑史》，且在编者按里写道："杨永生编审的'短论'，虽仅仅是提出问题，但相信读者能从中联想到许多，或许这才是本刊立即刊发该文的意义。敬请业内人士，尤其是建筑学人就这些问题赐教。"

从那时至今已经两年多了，尚未收到回应的稿件，令人费解。难道，建筑学界人士都只顾挣钱，对当代史上的问题一概没兴趣？我想一定是有难言的苦衷，甚至还会有人认为说那些事有啥用处，弄不好还可能惹了谁，不如事不关己，高高挂起为妙。

共和国建立即将60周年，人们都不免思考建筑学界乃至个人60年来所走过的路程。据闻，天津大学教授邹德侬先生正在撰写专著，论述60年来建筑学界走过的道路。《建筑创作》主编金磊先生自今年年初即已组织一批专家撰写一套丛书（"建筑中国六十年"系列丛书，共7卷）回顾60年来的光辉历程，这套丛书已被列入国家60周年重点图书出版计划，现已由天津大学出版社公开出版发行。我以为，无论如何，这些都是值得庆幸的重大举措，也是改革开放的成果。回想60年来，没有哪一个10年出版过这类图书，不能不说，这是我们引以为憾之事。

最近，我也在回顾60年来的历程，想到一些问题或者说疑惑，这里提出来供大家思考，或许谁能查询一些史料，予以解惑（其中有三个问题上次提过，但过于简略，这次再提出）。

① 20世纪50年代批判以梁思成为代表的建筑复古主义是怎样发动的？又是怎样结束的？据我了解，不是当时的主管领导机关国家建委和建工部发起的，也不是中国建筑学会发起的，而是由于反浪费运动引发的，那么又是如何引发的呢？既然我们的建筑创作方针也是斯大林提出的社会主义内容、民族形式，怎么又批判梁思成所主张的民族形式呢？这岂不矛盾吗？

② 20世纪60年代的设计革命是如何发动的？又是怎么结束的？据说，设计革命是由"四清"运动引发的。大家知道，"四清"运动涉及城乡各个部门、各个单位，又为什么把设计单位单挑出来进行设计革命？后来又怎么发展到下楼出院？其结果是设计院解体了，设计人员统统下放工地。设计革命的负面后果都有哪些？还有正面效果吗？

③ 大家知道，1958年初冬，人大会堂设计方案定了以后，上海6位教授（吴景祥、冯纪忠、黄作燊、谭垣、赵深、陈植）联名给周总理写了一封信，对人大会堂设计方案提出意见。直至现在，仍未见公开这封信，只在张镈的回忆录中简要地论及重点是对500米宽的广场表示担心，唯恐出现旷、野，与建筑的比例失调。其二是对中选方案的立面提出意见。在其他文献中，也未见对这封信有所透露。这封信的原文，不知还能查找否？我曾设法查找原文，至今也未查到。

④ 1959年中国建筑学会和建筑工程部在上海召开了"住宅建设标准及建筑艺术座谈会"，刘秀峰部长在会上做了《关于创造中国的社会主义的建筑新风格》的报告。到了1961年3月，刘秀峰又在上海召集建筑专家座谈，提出在全国范围内开展关于建筑风格问题的学术讨论。于是到4月，全国即有14个省市的建筑学会召开了70多次学术讨论会，并写出了100多篇文章。不知今天还能否找到那100多篇文章，那时只能听到一片赞扬声。不料，随着"四清"运动的开展，1964年8月刘秀峰被错误地批斗乃至撤职。到了"文革"，刘秀峰的那篇报告又被诬为"黑风格"，全盘否定。80年代初，随着"新风格"在《建筑师》杂志上重新发表，又引发了一阵公开讨论。

现在，我们的建筑创作工作步入多元发展时代，对建筑风格问题的讨论已经没有什么顾忌，是否有必要进行新的一轮讨论，澄清一些历史问题，还其本来面目，并重新认识一些问题，提高创作水平。

⑤ 1956年，刘秀峰部长向毛泽东主席汇报工作时提出建立建筑技术图书馆和永久性的建筑展览馆，随即着手筹建这两馆，采购了不少国内外专业图书和期刊，其中还有不少原版地方志，受到业内人士欢迎和好评。即使是在"文革"中"打砸抢"风行的时候，这些文献也被图书馆人员保护下来。后来，在备战去河南武陟的时候，也还抢运了一部分至河南。据说，前些年还当废纸卖掉不少珍贵的藏书。现在，利用建筑展览馆的地皮盖了一座高楼大厦，称之为"建筑文化发展中心"，名称响亮，也够吓唬人的，但里面还有多少文化呢？若说是挂羊头卖狗肉，也许有些挖苦；即使不这么说，也只能说名实不符。而图书馆迁到哪里去了？是否还存在？

50年代，国家那么穷，还花费那么多财力建成这两馆。现在国家富足，为什么非但未发展这两馆，还不知它们被埋没在何处，被什么东西给掩埋掉了？
如今，是否有必要恢复建筑展览馆和建筑图书馆？

⑥ 人才问题是根本，建筑要创新也离不开人才。在发挥专业人才作用方面，近十年来我们吃了不少亏。应该说，直至近来的十多年，我们才明白过来。新中国成立前，我国建筑师本来就很少，真正在建筑设计上做出突出成绩的，屈指可数。然而，其中有些人如童寯、董大酉等人，解放后竟没有在建筑设计上有更多、更大的建树，这是为什么？当然，像华揽洪那样的著名建筑师，于1957年被错打成"右派分子"，然后被弃之不用，自不用说，我们都是明白的。

⑦ 引进外国建筑师来我国做建筑设计是什么时候开始的？如何开始的？初衷是什么？经近20多年的实践，我国在引进外国设计方案方面取得了哪些经验，有过哪些教训？成果如何？乃至如今，确也需要研究，以后咋办？

⑧ 改革开放以来，我国派往国外学习建筑学的人为数不少，学成回国的有多少人？他们的分布状况如何？在不同的部门（如国有设计单位、教学单位、私人事务所）发挥作用如何？他们带回来的先进管理理念、先进技术，起到了哪些作用？

⑨ 现在许多建筑项目都在广泛征集设计方案，并聘请专家进行评选，据说，近几年来这里边有许多问题存在，需要整顿、总结，不知大家以为如何？

⑩ "文革"前建工部建立了建筑历史研究所，在它存在的短短几年间不仅出了不少科研成果，也培养了不少人才，如傅熹年、孙大章、王世仁等专家。可惜随着"四清"运动以及刘秀峰部长"倒台"，研究所于"文革"前夕被强令撤销，人员四散，直至80年代才恢复，但几十年来一直未恢复元气。现在，虽然有那么一个"历史室"机构，但由于工作人员经费有限，一直难于有大的作为。

如今，我国的建筑事业取得了空前的业绩，可非但没有一个专门的机构从事近现代建筑研究，就连古建筑的研究也是散兵游勇，尚未组织起来。

由此，我们不难想到主管部门及学术团体能否再次倡导成立建筑（包括古近今建筑）研究机构；如果有诸多不便，主管部门支持恢复民间学术研究团体——中国营造学社，也是一件功德无量的举措，不知大家以为如何？

2009年9月于北京

（著名建筑出版人、建筑文化学者、中国建筑工业出版社原副总编辑、编审）

再访南岳忠烈祠的断想

殷力欣　石　轩

南岳忠烈祠布局草图

建筑文化考察组于 2009 年编撰出版的《抗战纪念建筑》，被誉为中国近现代建筑历史研究的具有开创意义的阶段性成果，学术界尤其希望对南岳忠烈祠等代表作的后续研究能够持续下去。为此， 2012 年 6 月 8—10 日，在湖南省委宣传部副部长蒋祖烜先生的倡议下，建筑文化考察组再次赴湖南省长沙市、衡阳市南岳区调研抗战纪念建筑遗存。此次考察的主要成员有蒋祖烜、金磊(《中国建筑文化遗产》总编辑)、赖德霖（美国路易维尔大学教授、中国近现代建筑史专家）、殷力欣（《中国建筑文化遗产》副总编辑）、韩振平（天津大学出版社原副社长）等。

此次考察，我们面对长沙市抗战期间历经"四战一火"劫余幸存之中山亭、天心阁、湘雅医学院等建筑遗构，痛感当年战事之惨烈，而拜谒南岳忠烈祠时，我四万万同胞之义勇忠烈，历半个世纪之久，犹昭昭在目！经此次考察，我们初定"抗战期间的礼制建筑之文化内涵"、"建筑遗存所承载的抗战史实"等为后续研究课题。近期，日本右翼分子再次就中国领土钓鱼岛归属问题，挑起事端，悍然侵犯我国固有领土。此事件所涉及的问题之一是日本国公然否认世界反法西斯战争胜利成果，是对中国军民英勇御敌的正义之举的亵渎。有鉴于此，建筑学人更有义务以研究建筑历史，向中外学界及公众提供抗战艰苦历程的史实。

南岳忠烈祠位于衡阳南岳区之衡山山麓，是抗战期间国民政府为纪念全国抗日阵亡将士而建的大型纪念建筑群，至今仍为中国最大的一座纪念抗日阵亡将士英灵的陵园。作为祭奠全民族殉国英烈的总神位，这里供奉着张自忠、佟麟阁等为国捐躯的抗战将士的英灵。

南岳忠烈祠于 1939 年动工，1942 年竣工，1943 年 7 月 7 日举行落成典礼。整个建筑群采用同一种花岗岩石材，总体布局与技艺风格与南京中山陵有颇多相似之处。其主体中轴线建筑群可称为祠宇建筑区，坐北朝南，依山而建，错落有致；左右对称，排列有序。南北纵深 320 米、东西宽约 70 米，占地 23 400 平方米。沿中轴线拾级而上，依次是大门（三开间牌楼形式）、七七纪念碑、纪念堂、致敬碑、享堂等五个主体建筑，用 267 级石磴、通道、多样的广场、平台等，串联成一个有机的整体。

南岳忠烈祠中轴线祠宇建筑群之外围，又分东西两座墓葬区，主要是先后建设掩埋烈士忠骸的集体或单独的 20 座墓园及纪念亭等。其中，抗战阵亡将士集体公墓 8 座：第三十七军六十师、第一四〇师、第十六军五十三师、第十四师、第十四军、第五十四军、第七十四军、第十九师，最大的一座集体墓（第三十七军六十师）葬忠骸 2 282 具。抗战殉国将领个人墓葬 12 座：彭士量、陈石经、胡鹤云、郑作民、罗启疆、赵绍宗、章亮基、伍仲衡、廖龄奇、陈烈浩、陈炳炽、孙明瑾。其现状列表如下。

忠烈祠墓葬建筑列表[①]

序号	名称	地点	建成期	面积（㎡）	备注
1	第十六军五十三师纪念碑	华严湖畔	1938.4	1 200	全毁
2	罗启疆墓	公墓区	1940.2	2 800	尚存残迹
3	胡鹤云墓	公墓区	1940.5	1 200	尚存残迹
4	第十四师纪念塔	华严湖	1940.7	1 000	据湖南省南岳管理局汇编南岳指南公墓碑志牌坊调查表（陈应元手迹）补
5	赵绍宗墓	公墓区	1940.7	1 200	尚存残迹

① 表格主要依据陈应元手书：湖南省南岳管理局汇编南岳指南公墓碑志牌坊调查表．南岳文化局提供复印本．部分参照唐末之，匡顺年．南岳忠烈祠．海口：海南出版社．1995：89-90.

序号	名称	地点	建成期	面积（㎡）	备注
6	第十四军纪念塔	华严湖	1941.1	不详	据湖南省南岳管理局汇编南岳指南公墓碑志牌坊调查表（陈应元手迹）补
7	陈石经墓	华严湖畔	1941.1	2 400	全毁
8	陈烈浩墓	公墓区	1941.5	500	全毁
9	伍仲衡墓	公墓区	1941.11	不详	全毁
10	廖龄奇墓	公墓区	1941.12	1 800	全毁
11	郑作民墓	公墓区	1942.1	2 200	已恢复，但与原貌有异
12	第三十七军六十师公墓	公墓区	1942.7	3 000	尚存残迹
13	章亮基墓	公墓区	1942.8	1 200	墓葬尚存，对联被毁
14	第七十四军公墓	公墓区	1943.7	3 200	按原照片全部恢复
15	第一四零师公墓	公墓区	1943.8	2 100	尚存残迹
16	陈炳炽墓	公墓区	1943	不详	墓葬犹存
17	孙明瑾墓	公墓区	1944.2	不详	残存墓盖石一块
18	彭士量墓	祠下驾鹤峰	1944.2	不详	部分恢复，其夫人附葬墓侧
19	第十九师公墓	华严湖畔	不详	不详	全毁
20	第五十四师公墓	不详	不详	不详	全毁，新近发现遗址

南岳忠烈祠在建筑上承袭"因山起陵"的中国陵墓建筑传统，单体建筑采用传统的宫殿式建筑风格，建筑结构、材料和建造技术则大量应用西方建筑技术，取得庄严肃穆、大气磅礴的艺术效果，是"中国固有式建筑"在抗战期间的杰出代表，素有"小中山陵"之美誉。须强调一点：按原设计方案，环绕主体建筑有周边的大型公墓组群，其整体建筑规模甚至是大于中山陵的。南岳忠烈祠作为集庙堂建筑与陵墓建筑为一体的大型纪念性建筑群，不仅仅在形式上受中山陵建筑群影响，更强化了中山陵建筑设计者吕彦直的设计理念——国家先贤祠。从南岳忠烈祠的建筑规模分析，特别考虑到战时十分拮据的经济状况，可以说这是当时国家最重要的建筑投资，诚为继中山陵之后中国最重要的纪念建筑，其意义是突出了吕彦直等人设立国家先贤祠的构想，是将旧中国建造为现代民主国家的建筑行动之一，堪称民族意识复兴之象征，中国跻身世界五强之先导。

尤其须强调指出的是，南岳忠烈祠于抗战最艰苦的时期兴建。当时由中国第九战区司令长官薛岳将军主持，在三次长沙会战间隙，动员上万民工，斥数百万元巨资建造而成（按当时的人力物力计算，其投入之巨，足以组建 3 支军级建制的作战部队）。就目前所掌握的资料分析，战时各国对待阵亡官兵及死难

南岳忠烈祠月台全景鸟瞰

平民的丧葬问题，基本上是就地掩埋，战后再事迁葬。像中国战区这样不待战争结束即行隆重安葬，并立祠纪念，是非常罕见的。这体现了中国文化传统对生命的尊重和"天行健君子以自强不息"的民族意志，以建筑的形式宣告：战争不仅仅是兵戎相见，更是文化精神的较量。"中国固有式建筑"自诞生之日起，即有"耗资过大"的非议，而南岳忠烈祠在人力物力均陷入极端困窘的战时兴建，却得到了各界（包括贫民阶层）毫无保留的全力支持，说明在中国由封建帝国向现代文明国家衍变的过程中，民众依然需要一种固有文化传统的延续，民众希望对日战争的胜利同时是中国文化的胜利。

附记：就在2012年9月20日本文收笔之际，我们接到湖南怀化市溆浦县文化干部陈贵生先生的一则短信，现在转录如下。
亲爱的兄弟姐妹们：就在日方鼓噪钓鱼岛事件的同时，中国抗战最后一次大会战"湘西会战"的主战场遗址——龙潭，又遭一伙福建商人大肆开采花岗岩，此遗址岌岌可危！日军兵败中国湘西的历史见证行将消失！恳求各界呼吁保护此历史遗址！
龙潭抗日烈士陵园陈贵生泣血呼吁！又据报道，此抗日战场遗址所开采出的优质花岗岩石料，很大一部分是销往日本国的。湘西地区现存湘西会战战场遗址、战地医院遗址、战时指挥部遗址、军用机场遗址、芷江军用机场遗址、芷江受降会场遗址等，都是重要的抗战历史文物。如其中的战场遗址不保，整体的历史价值都将严重受损！

（第一作者：《中国建筑文化遗产》副总编辑）

筑境山水　匠心神州

—— 程泰宁建筑作品十年展

编者按：2012 年 9 月 4 日，"程泰宁建筑作品展·筑境建筑十周年展"在浙江美术馆拉开帷幕。本次展览以主题演讲、沙龙研讨等多元化形式展开，参与嘉宾将共同感受程泰宁院士的建筑作品中所体现出的清逸灵动的气韵与神采，并围绕多个建筑创作的热点议题展开深度研讨。展览期间还同期举办了"筑境十年系列论坛"。此次学术活动于 9 月 11 日结束。

"一天秋色冷晴湾，无数峰峦远近间。闲上山来看野水，忽于水底见青山。"程泰宁先生半个多世纪的建筑实践一直在探索中思考如何表现建筑的文化性格，从黄龙饭店到浙江美术馆——程泰宁先生不同时期的两大代表作品，两者时间跨度近三十年，空间跨度是在宝石山眺望玉皇山的距离：山青湖秀，山水相依，是巧合也是必然。它们正好成为程泰宁先生多年来着意于"筑境·山水间"建筑思想的诗意具象。这次展览的主题"山水间"体现的就是一种文化精神，可以说是对中国传统精髓的抽象继承，既包含了"山的沉稳，水的灵动"中所蕴涵的中国智慧，又传达了传统山水画般的气韵与神采。

程泰宁先生早年将自己的设计理念总结为"立足此时、立足此地、立足自己"，

程泰宁建筑作品十年展展览现场（摄影·陈鹤）

近年来又升华为"天人合一、理象合一、情境合一",这之间既有文脉相承又有创新出奇之处。如果把三个"立足"理解为行为方法,可以概括为"筑",三个"合一"则倾向于精神内涵,可归纳为"境",正是基于这种理念,程先生的设计机构在 2011 年更名为"筑境"。

学术论坛邀请了众多国内外优秀建筑大师、专家学者齐聚杭城,共同探讨行业热点和发展趋势。主办者希望通过此次学术活动,激发大家进一步关注建筑创作、关注建筑文化,为业内搭建更加专业的交流平台,助推当代中国建筑创作发展,进而让中国的青年建筑师走出属于自己的道路,让每一座城市建筑都有自己独特的文化性格,彰显出城市建筑的新文化。

归零:程泰宁建筑十年展导言 / 黄石

这是一个永恒的开始和一个持久的回归。

——奥克塔维奥·帕斯

任何对程泰宁的建筑批评就他与建筑学的关系而言将无济于事。

在中国文化与西方现代主义建筑学旷日持久的辗转反侧中形成的独立表征与脉象,足够可以让他放弃在目前建筑快感丛林与建筑消费焦灼的衍生链中踟蹰。

许多年以来,甚至在选择建筑学之前,时间的种子即滋养了他日后所从事专业的理智与情感,这是一种促动建筑学有机生长的驱动力。中国江南独有细腻的气质从未偏离他的心灵,即便在建筑政治意识形态时代亦然。然而他并非偏狭于一个地域建筑师,也从未追逐流派与风格的建筑翻译,更没有效从泛权力意志象征的视觉捏造。在中国文化内在的抽象性与西方现代抽象造型中,他寻求到了一种对立的消解与融和。

水平、垂直、圆弧、折线所构建的基础形制与空间尺度,恰如其分地预应着他内心审慎的抒情性。从杭州黄龙饭店到浙江美术馆,乃至加纳国家剧院,对于不同地域、不同文化、不同建筑的体例,他与建筑始终维护着一种友好的界面:一种文化意义上彬彬有礼的克制与焊接,一种源于对建筑不同边际充满敬意的自我界定。这种建筑并非是那种虚张声势的建筑,不是那种被放纵的美学虚构,而是一种全神贯注的秩序勘探。

也许他的建筑并不是颠覆性的,但这并不表明其建筑的脆弱性。在程泰宁的建筑谱系中，力量并非是体量与高度的叠合，并非是造型与材料的异化；从对现时的寻求，到返回自身内心；从对历史的观照，到对现实的兼顾；从城市转向另一个城市，建筑的力量立足于时空与文化上的谋和。在此，默契大于专横，准许大于否认，信念大于质疑。这是一种建筑管辖的力量。一种把自己既放在过去又放在未来的平衡。今天既是历史又是开始。他相信，现代性并不依赖外部世界，而根植于我们的内心。

气质即风格。有时候，气质对他还意味着严谨，一种一贯的、重复的普遍性叙述。这形成了他的建筑序列具有诗文般的韵脚，甚至序列间隐含着一丝旋律的紧张感。由平衡、音调与韵律给予的

杭州黄龙饭店

确定性，使其建筑富有聆听般的视觉，一种纯正向上的序列导引。这也是他多年以来一直未受干扰的出发点，一种令人尊敬的工作取向：在独立自主的气质中保住建筑的现实与公正，并让建筑赢得信赖。

（壹联动董事长）

在跨文化对话的基础上实现中国现代建筑的创新 / 程泰宁

我认为，跨文化发展是中国现代建筑发展过程的必由之路，这其中有三个问题需要引起大家的关注：

第一，从建筑本性出发解读西方现代建筑。

西方现代建筑是一个相互矛盾的多元综合体，有益的经验和思想常常包含在观念似乎完全相反的流派之中。因此把一个时期、一个流派看成是西方建筑的全部，既不符合事实，也对创作有害。我们对于一种文化如果不能全面理解，实际上是对自己不利。就像唱歌，年轻人不要只知道一些流行歌手，也得听听三大男高音，甚至更早的歌手都可以听，前两天我在电视台音乐频道看到一个节目，很有感触，是关于英国的，有四位年轻的音乐家是美声方式，很有特色。

所以我们不要只看到那些潮流的现象，还有很多很好的东西有待我们去了解和认识。我们可以从建筑的本性出发，综合的了解西方现代建筑的发展，而不能以一时的现象来看西方建筑，除了要看潮流建筑之外，还要研究以前大师们的作品。

要向西方多元化的建筑流派学习，学习他们在形式上的创新精神，但是更需要的是学习西方现代建筑重视理性分析的传统，这是一个具有普适价值的传统。这对于我们建构有中国特色的建筑理论体系，对于建筑创作至关重要。我在不同场合都讲过这些，西方现代建筑并不是现代主义死亡了，现代主义一些价值观和思想对于我们现在很重要，而且对很多西方建筑师也有借鉴意义。看西方建筑师的作品，我觉得他们也应该反思他们的前辈留下的好东西，他们也应该从中吸收。

近几十年来，西方由工业社会进入到以"消费文化"为表现形成的后工业化社会，与此同时，西方文化出现了一种从追求本原逐步转而追求图像化的倾向。有法国学者认为，西方开始进入一个奇观的社会，一个"外观"优于"存在"，在这种社会背景下反理性思潮盛行，有些艺术家就认为形式就是一切，能够引起人们的惊奇，艺术才有生命力。我们可以对照当下很多的现状，他们甚至认为破坏性就是创造性、现代性，对于此类哲学和美学观点对当今西方建筑、中国建筑所产生的影响，特别是对整个现代中国文化发展产生了影响，我们要清醒地了解和认识。

也许和世界一样，建筑是矛盾的、复杂的、混沌的，也是不确定的。但是如何来看待这种现象呢？这是一个十分复杂的价值观重建的问题。香港一位建筑师在《南方周末》上写了一篇文章，他考哥伦比亚大学建筑学院四次都没有成功，老师问他为什么这么执着考建筑？他说喜欢建筑，老师又接着问："你看过心理学吗？看过人类学吗？"，他说都没有看过；老师就讲："你知道你为什么四次都没有成功吗？就是因为现在我们建筑方面体现的价值观非常混乱，我们都不知道建筑会往哪里走，我们希望这些学生能够在建筑以外的各类学科多一些了解，有自己的判断。"建筑不是一个单纯的技术问题，是一个价值观问题，是一个很复杂的社会问题。但是无论如何，建筑不是纯艺术，更不是一种被消费、被娱乐的物件，建筑创作只有从建筑的本体出发，从一种社会责任出发，才不失去它创作的魅力和价值。

第二，在现代化、全球化语境下解读传统。

对于中国建筑师来说。在创作中如何借鉴传统，已经成为我们长期以来挥

程泰宁建筑作品十年展一角（摄影／陈鹤）

之不去的困扰。其实从根本上说，现代与传统是两个完全不同的时空概念和文化概念，我一直很强调这一点。传统将随着社会的发展而延续，当然它与现代社会发展相结合的时候，传统文化已经升华为一种新的文化，这就是中国现代文化。现代中国文化来源于传统，又完全不同于传统。以建筑来讲，脱离了现代的生活方式、生产方式，特别是现代人的文化理想和审美趋向，笼统地讲传统是没有任何意义的，不了解这一点我们就走不出"传统"的困扰。

如何借鉴、吸收传统呢？我认为，中国传统建筑作为一种文化形态，应该作为多层次的、由表及里的。形　形式、语言；意、理之外显；意　意向、心象；理　哲理与文化精神，建筑创作之"道"。在创作中，不拘泥于形式和一家一派，从中国的实际出发在现代语境下，走出语言，以"抽象继承"的认知模式来吸收和借鉴传统，可能会有更广阔的空间。建筑创作如此，科学、文艺亦如此。

我不太欣赏"中国元素"或者"民族特色"的提法，这类提法很容易表象化甚至庸俗化。我所说的"道"的现代文化精神是有独特性和普适性的价值体系。只有承载着这样价值体系的中国建筑文化才能够为世界所理解、所尊重、所共享，也才能够真正与世界接轨，并且在跨文化对话中取得话语权。我们不仅在形式上搞创新，我们要创作出一种新的价值观，只要存在这样价值观的建筑才能够被大家所认同，才能够得到大家的尊重。搞传统只靠划龙舟是不行的，我们要找到自己的价值体系。

第三，传统不等于中国，现代不等于西方。

我们的目标是在跨文化对话的基础上，探索现代和中国的契合，寻找中国文化精神，力求在创作中有所突破和创新，这是一个具有挑战性的过程，我国有不少建筑师已经从不同方向作出了自己的探索，值得关注。

第四，在跨文化对话基础上的创作理念。

建筑创作的最高境界是哲学、理念，比较当下中外建筑师的作品，我们意识到建筑作品如果没有哲学理念和具有普适性的价值体系作为支撑，只有流于浅薄和苍白。所谓的中国特色也只能是一种空洞的议论。但是在中国现代文化尚未形成体系的情况下，一个建筑师要建构自己的创作理念是很困难的。在这种情况下，我们只有在创作实践的基础上，在中西方文化的比较和思考中，逐步积累并形成自己的创作理念。基于这一考虑，我试图把多年来有关建筑创作的一些思考归纳三个"合一"，即"天人合一"、"理象合一"和"情境合一"。其中"天人合一"是我试图建构的一种自然有机、宏观整体的自然。建筑观，理象合一是把理性的逻辑思维和非理性的形象思维的符合作为我的创作方法论；"情景合一"是想通过建筑表达一种东方式的审美理想。三个"合一"是建筑能否重视建筑个性、主体性的同时，从"天人合一"出发，更加重视自然、和谐，是重视建筑创作中各个因素之间的联系，而使我们对建筑创作有一个更全面的把握，有一个跨接的整体思考，从而丰富我们的作品内涵。这是建筑观问题，也是认识论问题，涉及到建筑、环境与人之间的关系，也涉及到我们对事物的认知模式，这对建筑设计非常重要。

在重视理性思考的同时，同样重视"直觉、神思、混沌、会通"等有中国特色的创造性思维的运用，重视非逻辑复杂性思维的运用。我希望能够跳出西方关于方法论的研究框架，从实际出发，研究建筑创作的创造机制，这是我一直关心的问题。

要从"眼前一亮"、以怪为美的评价标准中解放出来，分清含蓄内敛真实多样的美，使我们的建筑作品也能够像罗丹形容雕塑艺术那样，让人们通过建筑的表现体验到宁静、愉悦、秩序和活力，体验到中国建筑所特有的美学调性。

我还想再重复一个观点，那就是：建筑创新不能只停留在形式上，创新需要哲学的思考，需要价值观点；只有这样，中国现代建筑创新之路才能踏踏实实地走下去。

（中国工程院院士、全国工程勘察设计大师、中联筑境建筑设计有限公司主持人）

塑造建筑文化的品格 / 何镜堂

当前中国建筑界面临着很多困境，城市"千城一面"、文化缺失是大家都知道的一个大问题。文化作为建筑的一个灵魂，我今天主要是从品格这个角度谈谈我对文化的一个认识。

第一，建筑的文化性。建筑是文化的载体，建筑作为一种社会观念形态，反映建筑在满足实用功能需求的同时所体现的人类生活方式和价值取向。一座有文化品位的建筑，其文化意义常常成为一个地方、一座城市、一段时期的文化标志。文化建筑因其特有的文化功能和广泛的公共参与性而更能彰显文化的属性，说到建筑的文化品格，表达建筑的特征、风格是文化建筑创作的根本。

第二，建筑文化品格的选择。一座建筑好比一个人，总有一个基本的品格和气质。对于建筑而言，这种品格通过建筑的造型、空间和内外环境的塑造，构成建筑的整体格调，传承建筑文化的性格和精神。一般来说，文化性是对一座建筑相关特别的最高概括，而建筑品格是建筑文化的最高境界，是建筑的灵魂。建筑的创作常常以主题事件、场所环境、历史文脉、人物风范、科技特点、当代的价值观和审美观等等作为切入点，宣传所需要表达的文化品格。创作高品位的文化建成。

第三，建筑文化品格的表达。紧扣建筑品格的主题，综合此时此地此情此景，选择最适合的建筑构成，主要突出以下几个方面：

场所属性。通过对场地属性的解读和利用，采用彰显或者消隐的手法，生成清晰的建筑形态。

形式抽象。从较为直接、形似的符号象征走向更为隐含、神似的形式抽象。

空间叙事。围绕一种情节化的路径与场景设置而展开，转而上升更高层次的叙事化境界。

截面表达。通过建筑外在的材质、肌理、色调等表皮的信息，直观地传译建筑的文化特征。

城市共融。采用开放的公共空间，吸引和包容更广泛的城市生活，在建筑功能与内容设置上更加复合、多元和灵活，以增强建筑自身的适应性。

杭州铁路新站

在建筑文化品格的塑造中，坚持"两观三性"的建筑理念，即建筑的整体观和可持续发展观，建筑创作要体现地域性、文化性和时代性的和谐统一，创作有文化品位和特色的现代建筑。

时代发展赋予中国建筑师以崇高的历史使命，坚持改革开放，立足创新，一方面努力学习国外先进的理念和技术，吸收人类文明积累起来的优秀传统，特别要加强对中国优秀文化传统的学习，从文化内涵中领会和吸收；同时又要十分关注人类与自然的和谐，倡导低碳理念、低碳城市、低碳生活，致力实施节能减排国策，坚持绿色低碳建设设计方向。扎根本国，立足创新，在建筑的地域性、文化性和时代性上下工夫，寻求传统文化内涵与现代科技的结合，走有中国文化和特色的现代建筑创作道路，多创作一些既中国又现代的建筑作品。

（中国工程院院士、华南理工大学建筑设计研究院院长）

问题中的策略和实践 / 崔愷

我们每天都陶醉于自己的一种创作状态当中，但实际上不得不面对许许多多、林林总总、来自各个方面的问题与质疑；当面对客户、业主、领导的时候，最关键的一个分歧就是价值观，从功利角度来讲是看更长远的利益还是看眼前？往往有很不同的视野。文化方面是看传统还是创新？有的时候我也会把建筑价值观提高伦理的角度来看，是和谐的还是竞争的？或者是和谐的一种不和谐的，经常和业主讨论问题的时候发现相互的立场不太一样。当然对我们来说是注重价值还是产值，作为设计的服务行业是不是更讲究价值，这些是我们天天都会想到的问题。

另外一个问题是话语权，我们在体制之内，实际上整个体制的设置就出现了一些问题，比如权责方面，到底把权力交给建筑师还是把权力分给不同的内行、外行、偏行？这是我们最大的抱怨，我们必须要应付不同的人来进行管理。决策是内行还是外行？大家都很清楚，基本上多数还是外行决策。合作，我们跟客户、政府部门还是合作关系，但是双方是信任还是猜疑？当然这是双方的，他们猜疑我们的想法是否应该尊重或者我们有没有本事的，我们也猜疑甲方的心态，是想把房盖好还是想赚钱，所以在项目交流当中呈现了很不健康的心态，我们自己也应该检讨是迎合还是坚持？

此外，选择权的问题，在竞赛当中我们经常出任评委，是选方案还是选团队？很多的方案看上去不错，但是也有很多的实际问题，如果选团队又好象和现在的竞赛机制有问题，在这方面也是一种两难。像招标，尤其是施工的招标是最优价还是最低价，往往是最低价，因为最低价所以对建筑本身的实现度有很大的问题，建造当中的采购是技术要求为优先？还是压价比拼？

在现实的创作环境当中不理想，但是也应该有自己的立场和原则。我通过多年来的设计有一个理念，就是立足本土设计，我的立场是"立足本土，力主创新"。希望通过这样一个基本设计立场，通过和业主交流、同行交流，得到互相尊重和理解，并且不断学习。我们每一次创作的开始都是希望对项目情况进行深入的调研，尤其是对真实反映的现实生活进行研究，所以我们还是提出这样一种比较经典的口号叫"源自生活，高于生活"。我们总是发现生活中的问题然后解决，通过建筑手段来解决社会文化问题、城市生活环境问题，当然在设计当中我们要坚守职业准则。

（中国工程院院士、中国建筑设计院副院长）

建筑是否能够触动人心 / 姚仁喜

在我们所处的环境当中，特别是在我们共同的区域里面，不管是在台湾还是大陆，新建筑出现的频率其实相当高，但是一般而言大众对于建筑常常是漠然的，是不关心的，人们跟建筑事物建立不起什么样的情感，即使是一些众人皆知的标志性建筑，大家对它的联系也只是在符号和名称上，尤其是现代人 24 小时离不开建筑，但是对建筑产生的情感远不如我们对一只 iPhone 的情感，我们在 iPhone 上装置各种小东西，但是对身边的建筑却视而不见。作为一个从事建筑的人真是令人气馁，所以多年来我常常问自己这些问题，建筑是否能触动人心？大众是否能够与建筑建立情感与认同？建筑是否能够恰当地作为包容人们情感的容器？

我的设计过程常常是一种不知所云的过程，常常是在一种模糊混沌状态中，甚至有一半是在做梦的状态里面自然出现的，我是一个没有理性思考的人，当然在做完这后再去看看，大部分有很多缺点，不过也有莫名其妙做对的地方。

建筑是否能够触动人心？大众是否能够与建筑建立情感的东西？你我都有这样的经验，我曾经在小修道院里面碰到别人在祈祷的，那种被空间和音乐包围的感觉让我久久不忍离去。在某些城市的广场，某些小镇的巷子都有类似的感觉，希腊文是"Genius loci"，被翻译成"场所精神"，事实上这个词的原意是"小精灵"的意思，每一个地方都有自己的小精灵，每一个地方因此都有所不同，如果我们能够发现它、掌握它，它不会像 iPhone 一样全都一样，你用 iPhone 的话只能用标准的方式，如果想要个性化是不行的，可是现代人越来越喜欢一致性，不喜欢搜寻非常特别的小精灵，作为一个建筑师，我们跟"在地性"离不开，我们可以离开理论、风格、流行，但是我们离不开"在地性"，否则的话就失去了小精灵，失去了场所精神，也就失去了触动人心的那把钥匙，因此场所精神或者说小精灵因而神秘，也因而值得我们毕生地研究。

（台湾大元建筑及设计事务所总建筑师）

关于城市空间 / 胡越

在建筑设计行业有一个共识，城市比个体建筑更重要，在城市当中如何去做建筑？这是我们面临的一个问题。包括我个人可能和许多建筑师一样，往往忽视这个问题。由于建筑行业不具有严谨的科学体系的学问，所以我就可以随便地给城市空间下一个定义，因为它不是这么严谨。我在这里所说的城市空间有一个定义，"在城市范围内除了室内空间之外的所有公共空间"，就是我讲的城市公共空间。这个城市公共空间，其实是我们生活当中每个人特别是在城市当中生活的人每天都要经过的一个空间，每天都要使用的一个空间，因为我们人一生当中，可能使用建筑就固定的几个，但是在公共空间每天都要经历。

中国人口非常多，相对国家的发展水平比较低，但在最近这些年有了突飞猛进的发展，城市化的速度非常快，在这种状态下，我认为，中国的城市公共空间当中出现了几种现象。

1. 传统城市公共空间的消亡。这在世界范围内是一个鲜明的特例，当然实际上再仔细地回顾一下，在过去的欧洲工业革命之后也和我们相同；在东南亚一带快速发展的亚洲也出现了传统城市空间的消亡，这种消亡实际上最近也引起了政府的注意，特别是大拆大建情况，这种消亡在我们国家已经成为不可避免的事实。

2. 现实主义技术至上的消极空间。如果有建筑实践的话会有这种经验，在城市当中会接到规划局对建筑的限定条件，这个限定条件例如日照、密度、绿地率、建筑退线、容积率，高度，但是很少说建筑在城市公共空间当中扮演一个角色，这个限制条件基本上在我们国家是很少看到，当然有一些局部区域的特例会做得比较细致的城市设计有一些限制，但是在普通的规划设计当中这种限制很少，甚至不存在。这种限制条件当中，基本上没有看到一个对城市到底应该给市民提供什么形态的城市生活模式、什么空间，基本上都是技术上的限定，实际上这也是在中国城市和建筑设计当中的一个很奇特的现象。

3. 由于现代化的进程使得城市尺度迅速扩大，由于交通的进步，使得街道和建筑的图像和肌理发生了很大的变化。国内过度的变化相对少一些，老的区域已经消失了。其实和汽车文明、现代文明、商业文化紧密联系的，缺失的是人的生活和对人的关注。结果是这样，我们的城市空间变成了一种消极空间，也就是说我们在满足了建筑功能和城市规划条件之后，我们剩下的这些道路和所谓的空地是很消极的，并不是主动积极的空间，变成了消极的空间。由于城市和交通的不断扩大，我们城市变得尺度越来越巨大，我们从一个地方到另一个地方会走得非常远，从一个建筑到相邻建筑的主要入口，大概基本上都在二三百米的水平上，有的甚至到五百米距离。在这个距离里面只是看到了城市的道路和空旷的场景，人是不愿意在这种环境下走的。

4. 不健全的设计流程，这不仅在中国有，现代主义建筑一直没有解决好城市尺度上的问题。我们知道做建筑的时候，实际上我们是延续了欧洲几千年的体系，我们做建筑是根据人的需要或者心理的期许、对于空间的感受作出一个建筑方案，再拿给工程师通过技术手段来实现。但是根据我粗浅的感受，在城市这个尺度上，从建筑师的基本使命来说，现在是从经济的、交通的、市政的提出一个巨大尺度的控制，然后再向细的方向去过渡；但是这个过渡当中实际上还有一个重要的阶段，即城市设计阶段。虽然近些年来我们国家在做单体设计和城市规划之间，确实也有这么一个过渡阶段的衔接，但是它的表现不尽如人意，很多城市的设计就是道路上画一些画面的示意图，并没有真正对城市的公共空间做一个合乎常理或者合乎人需求的一种规划。中国有一个非常大特例，

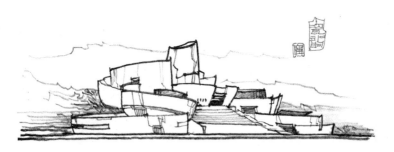

龙泉青瓷博物馆

我们的一些设想都是与我们的生活息息相关，在城市当中有什么生活状态就会对于城市有一个什么样的期许。比如空间的巨大化，这个是普遍现象。一个五、六万人口小城市，却在城市中心区的两边建设有两条红线有一百米宽的马路，这种城市在中、小城市当中非常普遍。这个城市从交通上来说是不需要的，但是官员觉得很气派，就会期许这么一个交通空间。官员从中国的改革开放到国外考察，国外的一些带有强权或者帝国意味的空间也严重地影响了执政者对于城市的期许，比如说华盛顿化、凡尔赛的城市空间等外国城市的环境及空间规划模式，经常在中国的中小城市当中出现。还有天安门广场模式，这个广场设计从刚刚开始就是为了群众集会，并不是为了人平常在这里日常生活，因此这种华盛顿化，包括皇家集权的后花园的模式普遍被搬到了中国的中小城市的市中心，因此出现了一种巨大化极不合适的夸张。

另外，在改革开放初期，我的感觉就是去硅谷的领导特别多，看到了很多欧美国家郊野的工作园区，很旷，有一些孤零零很漂亮的房子，把这些东西搬到了城市主要街道的两侧，就出现了城市郊野化的状态，看到的是城市密集的状态，却出现了一种郊区的图景，这种尺度的巨大化和郊野化是有所重叠的。另外，市中心的曼哈顿化，这也是执政者的一个普遍心理诉求，市中心就要像曼哈顿的状态，而且特别迫切希望在几年之内就曼哈顿化，非常迫切，甚至有的很夸张在中国的乡村里面也要做几百米高的摩天大楼，这种情况也有时发生。

上述种种现象，是对城市公共空间的漠视；公共空间都是废空间，没有主动设计的空间，我们看到零乱的东西都是在执行日照、退线、容积率、绿地率，做完了就是这样的状态，没有人管；每个人在自己的红线里面做了，一审批就盖了，完全是这种状态。那么实际上在古今中外，在我们传统的城市当中，我们看出城市公共空间明显的这种设计趋向和对空间的理解是封闭的，人在里面停留使用和休憩的空间，废空间已经不存在这种明显的空间感觉了。包括一些近代的城市，比如说像东欧的一些城市，还有巴塞罗那、马德里，这种公共空间还存在。包括我们国家的江南古镇也能够看出传统的街道，沿着河范围之内有一些空间感比较强的公共空间，人在当中进行生活的状态能够看出。实际上这些公共空间并不是简单的我们理解的交通、建筑与建筑之间的一个空余，实际上它是赋予了很多城市生活的意义，比如可以休息、吃饭、交易，这种情况有很多并不是刻意去设计的，实际上是自发的。

我们很多人在欧洲有这样的旅游经历，比如节假日有一些活动，还保留了旧市场，近些年我们的城市管理者对这个很漠视。我们回想一下自己生活的环境就会发现，一些农贸市场经常会成为市政管理和城市整容的一个受害者，它们被赶来赶去，基本上我记忆当中的集市都是在烂尾楼或者没有建设工地的场地上，或者断头路上出现了自发的市场，都是临时性的，最后都没有了。从车上快速经过的时候的确面貌焕然一新的，但是生活在那里的人确实不方便，因为把自己的生活清走了。其实城市公共空间是为了生活，而不是为了看，这也是我们的一个缺失。

在中国的城市发展当中，在现实主义之外，我认为也有那么一些小小的局部对于城市公共空间的调整，但是我认为这些东西实际上都是外来的东西，比如在50年代的北京，就曾经由苏联人在这里形成了一些小的住宅区，实际上就是街坊，有明显被设计的城市公共空间的趋向，现在已经基本上硕果仅存，开夷为平地，被改造了。

在最近改革开放以后，在很多的大中城市当中都有这种新区，这种新区里头有很多都是由外国的事务所做的实践，基本上搬用了曼哈顿的模式，虽然是现实主义的机械化时代的产物，但是它还带有明显的传统街坊式的布局，街道还是连续的界面组成的空间，其实和废的公共空间还是有区别的。

面对中国城市公共空间的状态，其实我个人特别喜欢在这种古老的街巷当中漫步，特别地享受这种感受，但是确实非常厌恶在大的尺度城市公共空间当中行走；我经常被迫这么干，我经常在长安街上走，非常困惑，恨不得逃离这个空间。我们怎么办？这种状态是否应该持续下去？

我们当代中国城市公共空间到底是好还是不好？我认为不好，但是我在几次的类似建筑座谈会上，一些人提出了反对意见，他们觉得咱们国家很不错，晚上的夜生活很丰富，他们到欧洲去觉得没有什么事干，他们觉得很好。我还是这个观点，说以上话的是局级领导。有一个机构有四个评判要素，而且写了四个非常得通俗易懂。一是可达性，各种方式都很容易到达；二是活力，不同的人都愿意用这个，老年人、女人、男人、小孩都愿意在这个地方用，而且还可以开展多种活动，天安门广场搞上万人的群众集会愿意用；三是舒适性，首先第一印象很好，到那个地方觉得空间很舒服，愿意呆着，此外是愿意停留，有照相的欲望；四是社会性，愿意约会，还愿意推荐给朋友。就用四个标准来衡量，我觉得中国大部分的城市公共空间都达不到这个标准和要求，现在有一些局部的建筑实践在商业区块当中存在这样的空间。

城市面临的问题，一个就是快速的城市化，这么大规模的建设和迅速的发展；我们的传统城市空间已经缺失了；我们也没有从更高的层面上对城市的公共空间或者前人的一些留下来遗产的冻结和发掘，我们没有留下这种知识系统；缺失了法语权，同时又有曼哈顿化的影响，非解决中国问题的模式在我们的城市当中出现，我们的城市应该怎么办？实际上我没有什么结论，以我个人的力量也操控不了这么大尺度的问题，当然我也想到了，实际上在这里有一些现象是可以值得我们深思的。

普通城市，针对南亚一代亚洲崛起的城市，包括中国的很多城市都类似，这些城市没有个性，没有历史，没有中心，没有规划。普遍是新时代发展当中一个必然结果，那么在这种情况下，我们的城市基本上是这个路子，没有个性、没有历史、没有中心、没有规划的城市状态。

我们是否需要为我们的人们提供一个舒适生活，保持市民生活的城市公共空间？我想答案是肯定需要的，那么在这种状态下怎么做？实际上没有绝妙的方式。我们需要满足人的基本需求。过去在古代采取城墙做法，实际上是为了防御；在发展过程当中城墙留了一定的空地，但是空地没有有限，因此建筑很密很集中，当然也存在着主动的设计和市民生活共同创造了空间。现在受到了环境的威胁，特别是中国，人多、耕地少，我们应该设置一个城墙，不让城市这么无限制地扩大，这个是防卫我们人对自然的侵占；过去城墙是为了防御敌人对城市的侵占，现在应该设置这么一个新的城墙来尽量满足人的条件下做。现在局部形式一些比较大的团块的比较好的城市公共空间，这样的话我们的城市已经错失了像欧洲古典城市的阶段，已经没有条件形式了，因为每一个区块都是由不同的建筑师和团队来完成的，所以存在着巨大的差异性。因此在城市当中肯定是根据项目和功能出现了积极和消极的两种不同的空间，将来我们人的生活，中国人的生活只能是在不同的兴奋点之间迅速穿过消极的空间，走到积极的空间里面享受我们有限的快乐生活，这个就是我们最后的结果，也就是所谓的对策。

（台湾大元建筑及设计事务所总建筑师）

建筑传承文化 / 刘军

建筑是一个国家、一个民族、一个城市的留痕，是文化的根，是城市的生命线，这条生命线只能延续，不能切断。不管城市如何变迁，其不同的地域特征所产生的城市文脉特色永远不会变。

以天津市为例，古代天津地处九河下梢，是北京的海上门户，随着漕运、商埠活动的繁荣，逐渐发展成为工商贸易城市和华北经济中心。城市格局以老城厢为代表，体现着"卫城"特点，布局严谨，功能分区明确；城市的发展以老城为依托，沿海河方向展开，滨河带状城市体现了天津市布局的主要特征。而在中国近代殖民地的开埠中，天津被迫设立了九国租界，占地相当于旧城面积的九倍之多，这在中国以及世界各大城市中都是少见的，异国风格建筑的兴起，为天津城市发展格局和建筑风貌都带来了深刻的影响。俗话说"北京的四合院，天津的小洋楼"，多元文化的并存成就了天津独特的城市格局和建筑特色。

如今我们作为天津城市建筑的设计者，必须充分认识天津"多远文化"的历史背景，加强对天津历史文化的学习和研究，注重对地域文脉的挖掘和提炼，做好对传统文化的继承和发扬。当建筑师接到一个项目后，首先要分析项目的背景，结合地形图实地了解地形，熟悉周边环境，不能凭自己的主观意愿做方案，设计作品要体现出时代性、地域性和多样性，彰显文化底蕴和城市特色。

天津"五大道"地区以效洋楼为主，城市路网自由布置，略有弯曲，街道空间尺度宜人，建筑形式丰富多样，环境优雅，恬静清逸。在这种独特的人文景观和历史背景下做设计，需要将建筑的高度与体量、形态与色彩都控制得十分得当，决不要争奇斗艳，更不能制造"假古董"。

（全国勘察设计大师、北京市建筑设计研究院总建筑师）

城市营造的责任与未来 / 张宇

城市营造首先是一个责任问题，其次是一个系统问题。城市营造不仅关系到建筑师、开发商，关系到方方面面，而且还涉及到传统、创新、市政、环境、拆迁、建设、教育等多个方面，同时还涉及到我们如何对待传统和创新的问题，在城市化的过程中如何尊重传统、继承传统等问题。我觉得北京的建筑师既有很多机遇，又很困惑，老北京看着自己住的胡同变成大都市街了，建筑的形态和北京格格不入，但同时又带来了很多的机会。建筑师认为，历史应该是作为片段来留给后世。我们也经常在探讨，老北京的形态到底是什么？老舍在一篇文章里有这么一段话："北京的好不在于设备和功能多，而在于痛，这种痛它能够使人自由地喘息。不在于建筑的功能，而在于建筑周围有空闲的空间使人能够欣赏建筑"。所以我们现在来看，我们标志性的建筑很多，大的社区很多，但是北京还是让人感觉非常压抑，所以我们城市最终营造的目的是让人方便。我们单位靠近二环路，有一次我们八点半开会，邀请在北京的国外同行一同讨论设计方案；可他们迟到了，他说因为堵车没有办法，我已看到你们单位但却根本到不了。城市如果不方便的话可能会有我们的责任，这当中包括政府官员、规划、设计人员等等，关系的面很大。我觉得营造城市首先是责任问题，而且要解决人在城市里的生活是否方便，这是第一位的。然后是城市的安全问题，一场大雨就把北京给泡了，这是最主要的。城市营造首先应该给人提供一个宜居、方便、安全的生活空间与环境。

再说标志性建筑，可能是个人理解的不同，我觉得还是要从文化的层面考虑，北京 CBD 最早是无序的状态，等于是无序发展，但现在新建丽泽商务区的建设有了非常大的改观，城市建设井然有序，方方面面都体现出标志性建筑。有人对我们评价，说北京的发展史实际上就是我们院的发展史，但是我们也感到很惋惜，看到北京这样的发展状况也很无奈，所以我们这种大院也在创作管理中提出理性的思考，设计中倡导建筑的人文精神，按照节能减排、可持续发展的思路制定未来的发展规划。

（全国勘察设计大师、北京市建筑设计研究院副院长）

时间 · 空间 · 人 / 张雷

我们做建筑，可能一辈子都是在跟几个词打交道，总结一下不会超过十个，"建筑、空间、功能环境"，这些词都不多，所以大家容易说一下就带过了，而且不同的年龄、不同的阅历、不同生涯经验看到的东西也完全不一样。我想我的体会就讲三个词：

第一，时间

我讲两点。一是建筑师的成长是需要时间的；二是建筑师的工作是需要经得起时间的考验。这两点对于我们是很重要的，因为建筑师这个行业确实是非常漫长的职业生涯，在西方大概 45 岁以后才能够独立完成项目，当然在中国把时间压缩了，可能刚刚毕业的同学就能够接触非常大的项目，看来身体是长大了，但是发育得没有那样好，所以需要时间慢慢去充实自己，它一直是一个学习的过程。所以我是特别欣赏、特别佩服程泰宁院士和何镜堂院士，因为是对建筑的热爱所以才能让比较漫长的职业生涯变得非常有乐趣，然后可能是有一个框框，在这个框框里面可以不停地往里面填东西，一直是一个学习的过程，哪怕我们自己作为老师也是在不停地学习，包括像程泰宁院士、何镜堂院士这么多年工作，我们也可以看到创新的元素一直在体现，这个时候需要我们去学习，如何保持对建筑的热爱，让这份热爱能够推动我们的职业生涯变得比较稳定，并且能够享受，在年纪比较大的时候也能够找到乐趣。此外，需要经得起时间的考验，只有经得起时候考验的东西才可以变成文化。很多人对城市的印象都是这些片断一点一滴的片段累计起来的，我们建筑师对城市的责任，我们要作出一个经得起时间考验的东西，对于一个城市来说是非常重要的和非常有价值的。

第二，空间

我们觉得总是能够创造环境，换句话说好象空间可以创造，但是时间不可以，创造空间也不是那样一件特别容易的事情，因为这个需要时间的支持，需要经验的累计，对建筑认识理解的逐渐积累。我们指的空间就是对需求的理解和把握，不是那些抽象的东西，而是对每一个项目具体需求的理解和把握，比如杭州火车站，它是属于城市的，有城市属性，是城市的门户；说到黄龙饭店是城市当中生活的一个庭院或者客厅；说到浙江美术馆，它可能就是在山水中间的艺术场所，具有环境的属性。所以每一个项目关于需求的这些理解和把握都是不一样的，这就需要我们去用前面的时间的积累来把握住需求，然后创造出有长生命力的作品。

第三，人

我第一个看到程泰宁院士的作品是建川博物馆，我所谓看到是真正体验，花时间去参观。因为这个博物馆是在四川附近，那里盖了好多博物馆，我做过三个方案，但是一个都没有盖。有一次去看基地，我看了以后特别受触动，从外面看起来施工也不是特别好，混凝土粗糙，但是房子建筑成为一个背景，感觉不到这个建筑特别形式，而是觉得是一个背景存在，里面的流线的设计，包括光的应用，不太看得到建筑，看到的是战争，感觉是战争的残酷，所以我认为一个建筑如果能够最后把自己的这些退为背景，让人的感受成为主流，这就是非常重要的。有很多词，肯定说起来很容易，但是做起来确实很难，"人"就是以人为本地阐述一下我正在说的一个项目。实际上，建筑说复杂就复杂，说不复杂就不复杂，它还是人的基本需求，最终我们觉得它应该是一个庆典的场所，人生活在这样一个空间里面感觉到非常愉快，开心。

（南京大学建筑与城市规划学院建筑设计与创作研究所所长、教授）

建筑教育应服务社会 / 刘克成

大学毕业有很多豪言壮语，中国现在各个城市的建筑怎么样？太糟了，全炸了，最好全部我们重新设计，就这么一股劲，但是在这个行业做了这么多年以后，我其实有很多感觉。

第一，我今天充分体会到建筑师是一个老年人的职业，也许 60 岁，甚至 60 岁都不够，要 70 岁，就像程泰宁院士一样经过时间锤炼和积淀的过程，但是同时需要 20 岁旺盛的生命力。此外还需要姚仁喜先生的诗人情怀，这样才能够把建筑做好。年轻时候的豪言壮语解决不了任何问题，只能够在生活当中一点点去学习和积累。

第二，今年程泰宁院士在前面的报告里面谈了很多很深的理论问题，我特别赞同，我自己来说没有想得这么多，但是从我受教育来说，教育不只是专业教育，到中学、小学的普及性教育，我自己有一个这样的过程，好象父母老是从幼儿园开始就说不允许干这个、不允许干那个，然后始终是在谈一件事就是不能干什么，而不是你能干什么，一直到大学毕业，选专业也是想必须成为什么，要把自己变成另外一个人，时代有一个标杆，专业和行业有一种不变的原则，从小到大到进入专业学习，对未来充满了一种畏惧感，总觉得自己以前的日子不是日子，以前的生活不是生活，我们日常的东西都不是东西，一定要去找一个不知道在哪儿的源泉，这样才能够把生活过好，也能够把建筑做好。我理解，人最根本的源泉不在别人，不在社会，还是在人的内心，人行走于社会更重要的是通过向大师学习，这是一个照镜子的过程，但是镜子最后照清楚的是自己是谁。自己的源泉就在自己内心，教育的过程所有都是帮助你去发现自己的源泉和善用自己源泉的过程。如果我遇到一个甲方他特别有呼应，把这件事情做

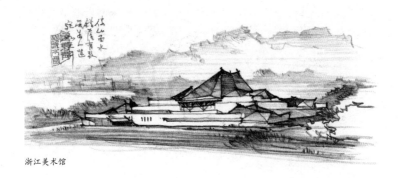

浙江美术馆

成了，我会感谢上苍，遇到有类似共鸣的人；如果遇到另外一个人，他不接受，我就这样想，世界就是这样安排的，世界的多样性是必然的，不能强求别人必须和你一样。再延伸一句，中国这样大有一个好处，传统有一句俗话，"林子大了什么鸟都有"，反过来说"林子大了，鸟总可以找一棵树来落"，我也是社会当中的一只鸟，可能是非常小的麻雀，我就努力去找一棵树能够让我落在那，我就把我那点事干成了，如果干这件事的时候怀有一种激动的情绪，然后边上几只麻雀疯狂一下就可以了，我也不渴望凤凰也激动。

如果说今天中国现代或者当代建筑的创作环境跟 20 年前比、30 年前比，有一个最好的就是今天真的是比较多样了，虽然在多样中间还显现出很多的不足，但是毕竟来说已经开始不那样强迫地走一条路，大家可以走不同的路了，但是能否走出来，在某种程度上更重要的不是社会的问题，而是你你自己的问题。

（西安建筑科技大学建筑学院院长）

建筑创作需要本源与回归 / 梅洪元

程泰宁院士谈到了过去的十几年来的一些情况，感悟很深，其中谈到了"在价值取向上的同质化、西方化成为了一种思维的惯性，而且更多地表现出我们建筑师这个群体是一种集体无意识的状态"，的确如此。但是细细想来，我自己的感受，到 2008 年奥运会之后，新中国成立 60 周年之后，我个人感觉中国的建筑创造现状还是有一个很好的改观，大家更理性、更客观地走向了建筑创作的本源与回归，从过去的关注物本主义到人文主义，呈现出对中国文化的一种自信的表现，我觉得渐渐地加强，渐渐地呈现起来。所以我倒觉得后奥运时代所展现出来的，我们的建筑师群体应该是在这种越来越复杂的全球化背景下、在这种创作语境复杂的探视下，特别是像汶川地震这些自然灾害发生之后，促使我们这个群体对建筑与社会的关系问题，我们建筑师所承载的社会责任问题确实有了相当深度的反省。大家可能是渐渐地在思辨，真正适合中国在这种快速城市化进程当中，如何去解决城市化的速度问题和深度问题，这个矛盾应该渐渐地清晰起来，我们去探求一个循序渐进、健康、理性的道路，而不是非常急功近利的，不是关注宏大的叙事，去玩弄一些符号，关注建筑的复杂形态，我们的建筑师应该更加关注生态、人文。

当走进后奥运时代，建筑创作背景、发展趋势应该越来越理性和客观，我觉得在座的同学们在校期间是赶上了非常好的光明未来的背景，希望真的能够扎扎实实、立足脚下，能够更多地向更先进、更好的东西去学习，而不是盲目的、随波逐流地追随时髦的东西。希望同学们在好的环境下走向未来、走向社会，能够为我们的国家建设贡献出好的作品。

（哈尔滨工业大学建筑设计研究院院长）

中国的现代建筑 / 张颀

程泰宁院士说"长期以来中国文化破旧未能立新，在现代文化未能形成自己体系的情况下，人们容易在文化交流碰撞中失语"，这句话我感觉非常正确，一谈到破旧立新就想到思想主导下的变革，而由这种变革下带来的是文化断层。如果我们更新没有了，那么怎么去创新？我不知道有没有根基的创新吗？而且一说更新就是革命，革命就更彻底了。现在我们不讲革命了，我们现在讲转型，这个词就非常好，转型就必然要带来原来的基因。程泰宁院士讲的破旧没有立新，因为长期的这种思想禁锢突然打破了，让你创造一些新东西，这样好象不太可能，就像有人调侃说的"有人天天喊着要自由，但是真正给你自由了又不会弄，就是瞎闹"，建筑创作也是如此，长期以来的禁锢打破了，按照别人的东西生搬硬抄。创新必须要有渊源，"肇新"，这实际上一个贬义词，就是惹事闹事的意思，没有根基的"肇新"是惹事，这句话就说明了新和旧之间的关系。我们如何去在传承基础的关系上去创新，实际上是转型的关系，能否这样理解？这个问题也请教各位大师们。

当前的创作存在一些问题，在座的这些可能都是强调传承，要有创新，那么现在实际上这个建筑生产已经是资本主义主导下的全球化社会生产的一部分，建筑是商品，那么就不能要求所有人都按照传承和创新的方式去做设计。因为什么呢？你不经过包装，可能就没有人承认，它必须经过这种包装才能够被人承受，而且作为商品的生产，设计院这些建筑师必须考虑投入和产出，尽量少地投入，尽量多地收入，当然"拿来"是最方便的。针对这个问题，国际、国内也有很多的建筑师不融入到这种大量的社会生产的潮流当中去，依然做一些小众、精致、有品位的建筑，这些建筑师从另外一个角度做了有文化、有品位的建筑，也获得了社会的认可，也成了建筑明星。作为一个商品的角度，有人也提出质疑，你们更多地是去生产一种奢侈品？如果讨论建筑的传承和创新，怎么继承我们的文化已经不能仅仅从建筑学的领域去寻找答案，还应该牵涉到一个国家的政治、经济、文化，是一个综合协调发展的问题，这个范围会会要大。

程泰宁院士的作品，他对中国历史的这种借鉴，包括对环境的融合，另外造型也好，细部的推敲也好，比例尺度也好，总觉得就是中国的建筑，有人评论他的建筑是用现代的手法表达了传统的意向，我觉得有一点不妥，不如干脆说这就是中国的现代建筑。

（天津大学建筑学院院长）

设计是创作性的过程 / Paul Collins

我们所见到的很多在现实世界当中正在发生，并且不断继续发生的事件实际会影响到整个人类星球的生存环境。作为设计师，作为不同建筑设计行业的业内人员，必须要改变这样的现状。我们要在设计的时候更多地关注到多样化的问题，更多地是以人为本的设计理念，在里面强调设计的基本要素，每一次都把自己的设计目标摆在前面。我们要了解我们的意图和目的是什么，对于设计师而言这是我们自问的第一个问题，在回答这个问题之前，肯定会涉及很多有关目标的细节和具体问题，我们需要进一步再次回到设计的楼层。这对于我个人而言，即什么是设计、为什么而设计，会融入这样的理念当中。定义"什么是设计"之前要感触什么是设计，要把这样的想法植入新的设计创造当中，以避免不应该产生的设计问题。

作为一个建筑师，我们也要成为非常好的沟通人员、谈判人员，你可能会在不同的地方有不同的思维和想法的碰撞，在你的设计世界之外要有能力传递　好、沟通好想要表达的信息，这是一个谈判、协商、沟通的过程，我们把它称为一个具有创意性的过程。我们的设计师们、建筑师们参与到与人类有关的各种不同的活动当中，其实不是直线，是曲折相绕，之间有非常强烈的关系，我们也希望能够把这个过程传递到这个世界，能够使一些物理实际的东西随着时间的推移融入整个城市当中，　并且反映出具有创造性的过程。

最终，作为一个建筑师，我对于产生或者制造出这些事物的方法非常感兴趣，我不感兴趣的是什么？比如风格并不是我最感兴趣的。我们当代的建筑师要经常和不同的客户打交道，包括很多的开发商，开发商的主席可能会指定要一个欧洲风格或者是从其他文化当中借鉴参考的风格，很多的工作已经被指定了，背后并不是由设计师做主。理论上来讲，在创造性过程中最开始就要注意这一些，在形成一个建筑的过程当中，我们要从最开始植入一些理念，如何来组织？如何来引领？能够环环相扣，又在非线型的过程中很好地开展下去，没有一个单一的元素或者活动能够构成非常好的建筑，我相信这中间是一种动态的过程，是一种具有相互作用的过程，才能够有这种力量把建筑转化成真正为大家所接受的。其中有很多的要素是可以被识别的，可以进行组成或者再构，能够创造一个新的建筑。有了技术，有了更多的科学化技术、计算机技术，我们可以更好地分析，对系统和体系进行研究，能够了解到我们所要求的那一些职能或者功能方面的需求，我相信这也是很多建筑师在做的。我们会创造出一种空间，能够容纳非常多的职能功能以及人类的行为，这种包容性是一个好的建筑的基本要点，如果没有这种包容性，没有包括各种各样的人为行动、人类行动，没有包括不同的要素，这就不是一个好的建筑。我们其实会做一些对于非常复杂系统的分析，它可能是大型的具有功能性的建筑，有的是医院，有的是机场和大学，我们要了解这些大楼，包括从基层的组成开始，运用装饰到建筑当中。

（HOK 副总裁、建筑总监）

建筑是服务于社会和时代的 / Patxi Mangado

我认为建筑系的学生应该要超越目前这种现状，不要只考虑建筑的外观，不要只考虑容积量，我们永远不应该忘记建筑是服务于一个社会和时代，建筑是非常丰富多彩的，它是由不同的哲学、不同的思维组成的，那么只有在满足了这样的要求的情况下，我们才可能产生了不起的建筑作品。正是因为有这样的一个重要性，我们必须关注关于公共空间的设计，这些应该是建筑师、建筑行业所关注的最重要的一点，因为这里是市民活动的空间，是体现市民精神的地方。应该有一个平衡的公共空间，能够为社会争取到社会更多的公平和公正，只有这样的一个城市才是以市民为先，有人文关怀的一个城市。在做建筑工程的时候肯定要考虑工程的环境，包括国家的历史、时代的特点，要考虑到这个时代的一些价值观念以及体现。我们不仅要保护一些地方的特色，同时也要做到一些积极的改变和改动。

最后是对于材料的问题，应该说和空间时间一样，我们所能够借助和能够使用的一些材料也应该是体现以上刚才提到的那些。也正是通过这些材料，我们真正地和这个环境达成了一种融为一体的关系，有一种对话的关系。在我们学建筑设计的时候，不仅是借助各种成千上万的建筑图像，并不是简单地复制，做机械改装，而是运用自己的专业知识，避免创作出肤浅的建筑作品。应该说我们并不需要刻意地为了创造个性而创造非常特别的建筑，而是应该真正地了解每一个项目、每一个项目所在地的特点。昨天有一位中国老师说到了很重要的概念，就是时间的概念，时间对于建筑学的学生来讲是非常重要的概念，它是非常重要的原料，这是超越市场原则的一个要素。我希望用一生的时间去进行建筑的创造，并且去享受这个过程。但是我知道世界上有很多建筑一开始出来的时候好象是非常有名，但是随着时间的流失却消失在这些作品当中。建筑对于美的寻找需要通过时间的考验来见证的，我们作为一个建筑师，我们首先要有一种责任感，对于社会和环境、事业的责任感。我们在利用建筑的资源和建筑的对象之间要寻找一种平衡，我们要回报社会，我们不能将自然割裂，要尊重自然，要运用一种更加智慧的手段和思想、理念到我们的建筑当中，自然是不能模仿的，而且也不能去破坏的。很多建筑只是盲目模仿，但是随着时间的推移，这些建筑失去了它的价值。我认为建筑应该是一种更加抽象思考的结果，要与自然融合在一起，而不是一种盲目的模仿。与自然的关系当中，我们要始终充满着一种崇敬之意，但是同时也要尊重我们建筑本身。建筑当中要有一种服务意识，我们的建筑是以服务为本的，并不是展现自己本身，我们是为了更好地服务于社会和公众，让公众有一个更加舒适的环境。服务不是社会和政府努力诉求的，而是建筑必须自身考虑到的。

我们建筑师有责任去做符合社会的这些诉求，这些诉求并不是特别多，很多建筑的价值在于我们自身挖掘自己的服务价值。亲爱的同学们，你们非常幸运选择了建筑这个行业，因为我们有很多种可能去实现建筑的愿望，但是作为一个青年的建筑师和学建筑专业的学生，我们一定要时刻做好准备，我们不能把建筑与模仿、抄近路的想法混为一谈，因为这些想法很快就会过时的，我们应该去充满希望，并且富有冒险精神，也应该充满乐观，你们应该有责任去迎接挑战。但是，当你们拒绝了一些很简单的项目的时候，你们就会超越自己。中国是一个 具有悠久历史的国家，并且有很多让我们吃惊的、惊讶的文明成果，所以你们作为中国青年的建筑师应该为自己的文化感到骄傲，也有责任在建筑当中去传承传统的文化。如果你们从历史的建筑当中去学习揣摩这些建筑原则的话一定会有很多自己的创意，并且在你们的建筑当中去体现这些历史文化的精髓。凭着你们对历史文化的研究，我相信你们可以建造出更有个性的建筑，并且为你们的社会作出贡献。那些西方的模式、美国的模式，实际上只是风靡一时，但是也会过快过时，你们应该寻找自己的风格，应该自我肯定，考虑自己的环境，不要鄙视自己的文化，不要只追风，不要只看电脑里的一些创造出来的图片。应该有你们自己更有原创、更有个性原则的念头。

（西班牙知名建筑师）

无题 / 付志强

建筑是要人住进去，如果人住进去是不好的状态，城市再好也没有用，其实中国现在缺乏的是软件，软实力，但是为什么都觉得不太对？就是因为我们从理论上也好，规范上也好，制度上也好，甚至使用者的文明程度，或者使用时大家共同遵守的规则上的东西，我们是严重缺乏。改革开放对我们来说是现代化，我是那个时代毕业的，更好赶上一个史无前例的时期，工作很多，但是越做觉得是不是在搞偷换？一个城市不断地在消灭，但是新城市消灭的速度我估计比旧城市还要快，到时候我们年龄大了，看到我们做的东西上写了一个"拆"字，这是最恐怖的事情。应该说这十年是最疯狂的时代，今天张三说我们还远远不够，很乱的，我也相信中国的城市化还有二三十年干，但是如果按照我们现在这么干肯定就完蛋了。随便举一个例子，我们汽车拥有的速度，还有我们城市对汽车的道路也好，停车也好，已经到了非常严峻的时刻，世界上任何一个国家我估计在做规划的时候，没有说这个小区要停多少比例的车子，这是不可能的，因为车子是自由的，如果没有那么多的车子停在那里，地下车库就变成负资产了，所以羊毛出在羊身上。如果真的按照政府想象的，一户人家一辆车以上，我们的道路基本上变成停车场了。

刚才说到产权问题也是，中国政府老是说什么事情我都替你们想好了，其实很多事情靠市场，它自己会调节，发达国家的车子拥有量比我们多得多，为什么不堵？唯一的一个，你每买一辆车，要有一个相当于车位的证明，说明你有位置停就可以了。我调查了很多非常正常的居住区，入住率达到95%以上的，不会超过70%，这是非常严密的数字，我调查了上海，应该说是万科开发的大盘，比较高档的，买得起房子的肯定也买得起车的人，也就达到了60%。

所以我引出这个话题，很多很多规范上，包括绿化带，浪费土地就不说了，把城市全都掐死了，为什么西方的街道这么热闹，而我们的街道是围墙、绿化带，还有超级市场，是国外的方式，造成了不必要的城市运营方面的难题，本来也有人家失败的经验，包括郊区的卫星城，我们至少应该慢下来一点，好好想想，我们的媒体、专家们多写一些文章，能够把政府的脑袋洗过来，我们在开发商的角度也是拼命地努力，做好事，不要老想钱，我们真正要做到好房子、好邻居、好服务的话，万科就有可能变成百年企业。

（万科公司上海区域本部副总经理）

用积极的态度做设计 / 薄宏涛

作为这个行业的从业者，如果大家都能够用积极的态度去对待每一块土地，这块土地里所生长的建筑能够和这个城市有和谐的关系，甚至于能够引领出大家在人文层面、精神层面一些关乎这个城市集体记忆和文化积淀共鸣的话，我觉得这个建筑就成功了，或者说作为建筑师完成了他应该履行的责任。其实城市营造是一个自下而上的过程，我们做的是自下而上的工作，我们如果不改变官员的认识，就无法改变目前急功近利的工作方式，包括土地推出的方式，包括我们服务非常多的开发商、业务，其实大家都是困在其中，无法真正解决的问题，因为这实际上关乎太多城市运营层面的问题。如果作为一个建筑师，我们没有一个行业中的从业者，自下而上做一个工作的时候，都能够有一个认真、严肃的态度，以谦诚的心态对待每一块土地，能够像程先生这样，过五十年能够把作品展示起来，我们能够看到一个设计师从青年时代开始对专业的执着和痴迷，不断支持和鼓励他做更好的建筑，为这个城市做更多的贡献，我觉得这可能是我们每个建筑师能够为这个城市做的事情，我们可能不能代表政府层面做工作，但是我们能够做好一个建筑师本分的工作，这也是程先生在精神层面像灯塔一样指引着我做一个建筑师该做的工作。

（中联筑境建筑设计有限公司副总建筑师）

评论：永远的建筑命题

金 磊

看到即将付印的新专辑《建筑评论》的文稿，品读着马国馨院士的序言，我不由自主又想到了我国建筑评论的开创者杨永生编审，虽然本专辑"人物"栏目中已有我对他思想的评述，但想起记忆中的往事，心中难免痛楚万分。有了这第一辑《建筑评论》也可以告慰天堂中永生的杨总，因为他及一代代前辈们期望的属于中国的建筑评论"学刊"已经面世，它是几代人的心血，它里面也有前辈们的策划力，它是在特定时间里，从感伤中起航的专辑。

本人关注建筑评论由来已久，1999 年 7 月任《建筑创作》杂志社主编后即进行改版，增加了建筑评论、社会人文的内容。终于自 2003 年 3—4 月间创办了随《建筑创作》杂志奉送的《建筑师茶座》，我为其注入思想且亲自撰文直到第 100 期，其文章题目为"设计 2050'重在要想明白——写在第 24 届东京世界建筑大会召开前"。在此之前，于 2006 年与中国建筑工业出版社合作推出《茶话·建筑》一书，于 2009 年末出版"建筑创作 20 周年"精品系列。它们都是紧密结合《建筑师茶座》的文集。2009 年，我完成了《建筑评论》创刊号的策划并将"自序"交给时任《建筑创作》主编助理的何蕊，但限于种种原因，这个梦想破灭了。但其后涌现的《建筑中国六十年》（七卷本）图书、《中国建筑设计六十年》乃至 2011 年 7 月付梓的《中国建筑文化遗产》都力求使建筑评论有一席之地。

建筑的话题是我们观察城市面貌上极丰富的一页，围绕城市化高速发展，围绕城市事件与人，围绕那些喧嚣的真相与是非，建筑界内外都需要思考、批评与预测，如何把它们装入城市建筑历史的谱系中，如何读懂建筑与社会，如何从建筑与文化中感受到力量等都是创办《建筑评论》专辑的意义。本专辑包含丰富的城市记忆与档案内容，有一系列丰富的建筑遗产随笔类文字，如邹德侬教授 2011 年 8 月推出的《看日出——吴冠中老师 66 封信中的世界》一书，就是一部极有建筑与美学遗产价值的好书，其话题至少传达出一种学科交叉的广博内容。《建筑评论》专辑的评论崇尚自由，但自由评论也非百花齐放，重要的是要用足够的智慧去获取自由，真正体现让优秀的头脑与文字来洞见"建筑世界"。载入建筑与民主一直是业界关注的主题，面对中国国家博物馆百年及其新馆设计展开的新中国"北京十大建筑"的历程，人们也难免想到权力建筑的种种雄辩术，如从希特勒、墨索里尼到萨达姆，所有这些 20 世纪的独裁者，都在用建筑铺垫着自己的权力之路。希特勒曾疯狂地指出"宏伟的建筑是消除德意志民族自卑感的一剂良药……"对此哲人尼采也说："在建筑中，人的自豪感、人对万有引力的胜利感和追求权力的意志都呈现出看得见的形状。建筑是一种权力的雄辩术。"本专辑创刊期间，正值日本挑起的"钓鱼岛"事件一再升级，目前，日本企图固化对中国领土侵占，这是对世界反法西斯战争胜利成果的公然否定，因此在重审《开罗宣言》、《波茨坦公告》这些国际法权威的同时，中国媒体与建筑同人将以国家尊严的名义捍卫祖国领土完整。为此对"建筑评论"我有如下理解：

（1）评论是一种解惑，因为结论并不是事先存在的，批评家必得通过证据一步步地将它提示出来；
（2）评论的最高境界是对话，哪怕它讲出的是公认的真实或者是少数的真理；
（3）评论的文风是内敛的，要杜绝思维的单一、文体的八股、语言的贫血以及用偏激充斥着创新；
（4）评论要同时兼顾以人和理为重，只有人、文的互动才可总结出不可回避的经验；
（5）评论是以真理与善美为目的的文字，是一种既绝美又深刻的过程。在评论与传播时有的关键词不容不重视。

进一步省思，建筑评论应有的学术求索应坚持如下原则：

（1）从评论话语权与"事理"分析视野上搭建起以建筑批评为中心的跨领域、跨文化、跨学科平台；
（2） 在坚持方针导向的基础上，确保评论主题既尊重潮流和方向，又对行业发展有指导性及前瞻性；
（3）不是平庸的建筑设计作品的"护身符"，更反对"任务评论"与"被动评论"等泡沫化，要坚持以作品为中心的评论原则；

（4）建筑评论要上升到文化的层面，不能只是体验、感悟和表象的评说，而要从文化发展的视野看其作品与理念是否能领悟现实、服务社会并传播公众等。据此对《建筑评论》的栏目有如下设想：

茶座——它是《建筑师茶座》的继续延伸及扩展版，不同的是强调每次主题的发言组合稿；

来论——话题虽不一，但体现时下的思想与洞见；

焦点——针对一段时间内热点城市与建筑、文化与设计等广泛的社会问题展开讨论；

人物——每期推出一位已故建筑或文博学人，说他的贡献、讲他的故事；

作品——针对一个作品展开正反两面评价，或个论或群体性"抨击"；

域外——每期针对一个主题，发表境外网络、微博、报刊的文字；

重读——旨在每期推出一至两位国内外有大影响力的"大师级"人物的经典设计思想类文字，专业可涉及城市、建筑、设计、美学、哲学等多个门类；

事件——针对中外建筑事件，展开或年度、或季度等时间周期的追溯，以发现新问题，找到新规律；

比较——对国内外建筑思潮、教育、设计体制乃至专业化等做更宽泛意义的比较与分析；

视觉——期望用建筑摄影与美术之手段，重审建筑，靠视觉语境展开评述，并非只批评，也可褒奖。

最后，我愿告诉读者：对于《建筑评论》专辑我们是有持续精神的，更有持续坚持计划的，因此会坚守住既定的评论原则，强化用改革之思办自由之刊，传播最有文化魅力的声音等主旨。因此，我们要突出建筑的民意公共性即体现出反思与理性的沟通力，面向开放与辩论的城市平台及公众领域，不断形成能影响现实世界的强大建筑舆论场。

金　磊
《中国建筑文化遗产》总编辑
宝佳集团中国建筑传媒中心 主　任
2012 年 9 月